走进
鲟鱼

高瑞昌　赵元晖 ／ 主编

中国农业出版社
北 京

编写人员

主　编：高瑞昌　江苏大学

　　　　赵元晖　中国海洋大学

副主编：袁　丽　江苏大学

　　　　徐新星　中国海洋大学

　　　　刘　康　集美大学

参　编：王　林　江苏大学

　　　　石　彤　江苏大学

　　　　熊治渝　江苏大学

　　　　王　斌　杭州千岛湖鲟龙科技股份有限公司

　　　　夏永涛　杭州千岛湖鲟龙科技股份有限公司

　　　　白　帆　杭州千岛湖鲟龙科技股份有限公司

　　　　汪金林　杭州千岛湖鲟龙科技股份有限公司

　　　　李梦哲　江苏大学

　　　　王　鑫　江苏大学

前 言 Foreword

当今，人们越来越注重饮食健康，在健康饮食的食谱中，鱼成了必不可少的一类食材。无论是家庭聚会，还是盛大宴席，鲟鱼以越来越高的频率出现在人们的餐桌上，食用鲟鱼逐渐成为一种彰显健康生活方式的新时尚。

鲟鱼是生活在水中的活化石，营养价值很高，是现存起源最早的脊椎动物之一，因此鲟鱼早已成为地质学家、古生物学家和鱼类学家的重要研究对象。鲟鱼之所以能够被大家喜爱，与它自身的食用价值密不可分。鲟鱼肉鲜味美，营养价值高，其卵可制鱼子酱，鳔富含胶原蛋白。所以，鲟鱼无论是在学术研究还是在经济价值上都具有极高的地位。

随着对健康话题的关注，消费者对鲟鱼子酱等产品的需求日益加大，而鲟鱼野生资源量的减少及我国对鲟鱼野生资源的保护，促使了鲟鱼养殖业的迅速发展。目前，我国已有多家鲟鱼养殖基地。以鲟鱼为原料，加工成的鲟鱼片、鲟鱼子酱等鲟鱼制品也日益丰富。关于鲟鱼及其产品的研究日益增多，这对进一步促进鲟鱼产业的发展及丰富食品加工业有着重要意义。

本书共分为六章，内容包括鲟鱼的历史与现状、鲟鱼的生物学特征、鲟鱼的主要种类及分布、鲟鱼的营养成分及食用价值、鲟鱼产品与加工技术、鲟鱼的家庭食用与食谱。本书是笔者研究团队对近几年有关鲟鱼加工理论与技术方面研究成果进行的一次梳理。书中系统讲解了有关鲟鱼的基本概念和相关方面的概况，集成了近几年鲟鱼及其副产物不同的加工工艺及其影响，为鲟鱼加工提供理论技术支撑。本书还为读者提供了食用鲟鱼的多种方法，读者可以在进一步掌握鲟鱼多种烹饪手法的基础上，品味鲟鱼美食。本书部分图片由中国水产科学研究院黑龙江水产研究所、中国水产科学研究院长江水产研究所、衢州鲟龙水产食品科技开发有限公司、青岛鲟龙生物科技有限公司提供。本书为读者走进鲟鱼提供了理论与知识基础。通过阅读本书，读者可以进一步了解鲟鱼和近年来多种相关创新研究。

由于时间有限，书中难免存在纰漏，恳请广大读者批评指正。

编　者

2023年11月

Contents
目录

第一章

绪　论

第一节　鲟鱼的前世今生

一、鲟鱼的历史起源

　　鱼类是地球上最早出现的脊椎动物之一，大约在4亿年前的古生代志留纪时期出现。在那个时候，占地球面积70%以上的广阔海洋中已经存在着原始鱼类。经过千万年的演变与分化，到了泥盆纪，鱼类已经发展成为地球上主要的动物群之一。泥盆纪也因此被称为"鱼类的时代"。

　　鲟鱼又称鳇鱼、苦腊子，是一种大型洄游性底栖鱼类，隶属于脊索动物门、硬骨鱼纲、鲟形目，包括鲟科和匙吻鲟科的27个种类，是现存起源最早的脊椎动物之一，是世界上现有鱼类中体型最大、寿命最长的古老鱼类，是鱼类中最原始的类群之一。鲟鱼是1.5亿年前中生代留下的稀有古代鱼类，它介于软骨鱼类和硬骨鱼类之间，无椎体，具有非常重要的科研价值和极高的经济价值。在我国甘肃省肃北县的距今2.5亿多年前的二叠纪地层中，发现了鲟形目鱼类化石。这些化石被称为中华原始软骨硬鳞鱼（图1-1）。它们具有鲟形目鱼类、比耶鱼类和古鳕类的一些特征，可能是古生代繁盛的古鳕类与自中生代开始繁荣的鲟形目鱼类之间的一个过渡类群。

　　在我国古代，早已有关于鲟鱼的记载，在千余年前，古人已经对鲟鱼类有相当的了解，并将其作为江河湖海中的捕捞对象。在我国的中生代地层中，也发现了许多鲟形目鱼类的化石，例如北票鲟、燕鲟、原白鲟和辽鲟等。此外，在我国的一些晚侏罗纪地层中，还发现了辽宁北票的北票鲟（*Peipiaosteus pani*）（图1-2）、河北丰宁的丰宁北票鲟（*P. fengningensis*）以及辽宁凌源的刘氏原白鲟（*Protopsephurus liui*）。

图1-1　中华原始软骨硬鳞鱼（新属、新种）的正型标本及其骨骼轮廓

fr.额叶（frontal）　pa.顶骨（parietal）　pt.后颞骨（posttemporal）　op.孔盖（opercle）　sop.下鳃盖（subopercle）　br.鳃条骨（branchiostegal）　gu.咽骨（gular）　dp.腭骨（dermal palatine）　qj.方轭骨（quadratojugal）　den.齿骨（dentary）　hy.舌骨下颌弓（hyomandibula）　cl.匙骨（cleithrum）　cla.锁骨（clavicle）　scl.上匙骨（supracleithrum）　pcl.后匙骨（postcleithrum）　dcf.背侧尾侧支骨（dorsal caudal fulcra scales）　vcf.腹侧支骨（ventral fulcra scales）

图1-2　晚侏罗纪地层中的北票鲟

　　根据线粒体基因组进行分子钟估算，结果显示鲟形目起源于3.62亿～4.14亿年前，鲟和匙吻鲟是在1.32亿～1.60亿年前分开的。

　　通过对线粒体细胞色素b基因分子钟的估算，研究发现以下鲟鱼类的分歧时间（图1-3）：

　　①鲟和匙吻鲟的分歧约发生在1.84亿年前。

　　②太平洋支和大西洋支的分歧时间约在1.21亿年前。

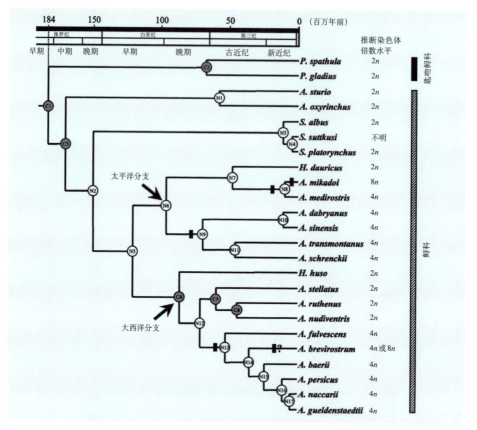

图1-3　根据线粒体细胞色素b构建的有根群内树

注：分支表示估算的分歧时间，C1～C6表示校验节点，N1～N17为感兴趣的时间节点，点划线表示鲟和匙吻鲟分歧时间（百万年）的后验平均值。

③黑龙江-松花江-乌苏里江流域的施氏鲟与长江流域的中华鲟和长江鲟的分歧约发生于0.70亿年前。

④中华鲟和长江鲟的分歧时间约在1 050万年前。

⑤密西西比河的匙吻鲟和长江的白鲟的分歧时间约在0.68亿年前。

在漫长的历史进程中，鲟鱼与其他生物一样，经历了环境的变迁和人类活动的干扰。在过去的几个世纪中，鲟鱼种群曾经历过兴盛和衰落的循环。特别是近代科学技术的迅猛发展，虽然为社会的生产和消费带来了巨大的进步和增长，但由于长期忽视环境生态和生物资源的保护，也给珍贵的鲟鱼资源带来了濒临绝迹的威胁。

二、鲟鱼的种群现状

　　全球现存鲟形目（Acipenseriformes）鱼类2科6属27种，鲟科（Acipenseridae）4属25种，匙吻鲟科（Polyodontidae）2属2种。鲟形目中的所有物种都已被列入《濒危野生动植物种国际贸易公约》（CITES）的保护名录。其中，短吻鲟（Acipenser brevirostrum）和欧洲大西洋鲟（Acipenser sturio）这两种被列为附录Ⅰ物种，其他物种则被列为附录Ⅱ物种。这意味着对于附录Ⅰ物种，国际贸易被严格限制，而附录Ⅱ物种则允许有限度的贸易。此外，世界自然保护联盟（IUCN）也将鲟形目中的19种物种列为濒危物种。其中，有17种物种被评定为极危等级，这是濒危程度中最高的级别。这些评估结果表明，鲟形目物种面临着严重的生存威胁，需要采取紧急的保护措施来避免它们的灭绝。

　　我国是鲟鱼主要分布国，境内共有鲟鱼2科3属8种，如黑龙江、松花江、乌苏里江水系的施氏鲟、鳇、库页岛鲟；长江和金沙江流域的中华鲟、长江鲟、白鲟；额尔齐斯河、乌伦古湖、博斯腾湖的西伯利亚鲟等。鉴于目前的资源现状，在中国，中华鲟（Acipenser sinensis）、长江鲟（Acipenser dabryanus）、鳇（Huso dauricus）和白鲟（Psephurus gladius）被列为国家一级保护野生动物。这意味着对它们的保护受到了特别的重视，法律法规对其保护有着严格的限制和监管。除了这些物种，鲟科鱼类中还有施氏鲟、贝氏鲟、小体鲟和裸腹鲟等也受到人们的重视和合理利用。这些物种在中国的水域中广泛分布，它们的保护和合理利用对于维护生态平衡和保护水生生物资源具有重要意义。中华鲟是我国特有物种，分布在长江和珠江水系，由于大型水利设施修建阻隔其洄游通道，导致野生中华鲟资源量逐年下降，自2004年以来，上海市已经连续进行了30多次长江口珍稀水生生物增殖放流活动。迄今为止，已经累计放流了1.3万余尾大规格的中华鲟。中华鲟是水生生物多样性保护的旗舰物种，也是长江水生生物的代表。中华鲟的栖息和繁衍状况反映了长江水生态系统的健康状况。为了保护中华鲟，上海市于2020年6月颁布了《上海市中华鲟保护管理条例》，这是首个专门针对中华鲟保护制定的地方法规。这一举措为鲟鱼保护树立了法律的框架，为保护和管理工作提供了法律依据。施氏鲟和鳇分布在我国黑龙江水系，由于自然环境的变化和过度捕捞等原因，这两种鲟鱼资源也面临减少的趋势。目前，施氏鲟已被列入我国二级重点保护野生动物名录。我国的野生鲟鱼资源现状令人担忧，急需加强资源保护措施。长江鲟的出生和成长都在长江上游至金沙江下游江段，受人类活动影响，从20世纪后期开始，长江鲟自然种群资源规模急剧缩小，至2000年左右自然繁殖活动停止，自然种群已无法自我维持，面临野外绝迹风险。2010年，世界自然保护联盟将其升级为极危级保护物种，2022年7月将其上升为"野外灭绝"级别。除此之外，白鲟被宣布灭绝。

2005年，里海中3种制作鱼子酱的鲟鱼捕获量只有760 t。野生资源和捕捞量的减少以及野生鲟鱼的禁止捕捞促进了我国鲟鱼养殖业的大力发展，2003年，我国鲟鱼养殖产量1.1万t。到了2008年，我国鲟鱼养殖产量已经达到2.1万t，占世界鲟鱼养殖产量的83.3%。2023年，全国鲟鱼养殖产量更是达到10.43万t。2014年，我国鱼子酱产量已经占全球1/10，2023年，世界上70%的鱼子酱都产自中国。评估表明，鲟鱼仍然无法摘掉"世界上最受威胁的类群"这一头衔，白鲟的灭绝以及长江鲟的野外灭绝为我们敲响了警钟，我国乃至世界仍需要规划和实施系统性保护措施解决野生鲟鱼所受的长期威胁。

第二节　鲟鱼的产业现状

一、我国鲟鱼产业的发展现状

随着鲟鱼人工养殖和苗种繁育技术的逐步成熟，我国鲟鱼养殖产量迅速增加。然而，由于鲟鱼并不是广泛消费的水产品，随着大量商品鱼上市，市场价格迅速下滑。在短短的十几年时间里，鲟鱼的平均价格从最高的每千克600元下降到目前的60元，下滑了90%。鲟鱼养殖产业面临着多种困难，包括综合成本持续上升、产能过剩和缺乏竞争性优势等。养殖鲟鱼已经进入微利时代。然而，与其他大宗水产品相比，鲟鱼养殖仍然具有相对较高的利润率，仍然具备一定的竞争优势。

随着对养生问题的关注，消费者对鲟鱼子酱的需求日益增多，由此促使了鲟鱼养殖业的迅速发展。我国养殖鲟鱼资源丰富，据FAO统计，2010年我国鲟鱼养殖总量占世界总产量的80%以上，主要以加工成鱼子酱为主，其他部位利用程度不高，每年产生近700t的鱼皮副产物。目前市场上有几种鲟鱼深加工产品，主要分为以下三类：

（1）速冻调理产品 包括普通速冻鲜鲟鱼块和熏制调理鲟鱼块等。这类产品属于半成品，需要在食用前进行加热熟制。

（2）开袋即食产品 这类产品已经进行了熟制，包括熏鱼块、调味烤鱼块、鱼肉粒、鱼子酱等。消费者可以直接食用，无需再进行加热处理。

（3）高附加值的具有保健功能的食品 这类产品包括鲟鱼皮胶原蛋白肽、鲟鱼硫酸软骨素、鲟鱼油、鲟鱼骨粉等。它们具有保健功能，并且在市场上具有较高的附加值。

速冻鲟鱼块是将新鲜鲟鱼肉经过预处理后切成薄块，然后在-20℃以下进行速冻。当食品中心温度降至-18℃后，进行脱盘包冰衣，并进行真空包装，在-18℃以下进行冻藏。这类产品可以保存6个月以上，非常适合家庭和饭店使用。

鲟鱼烟熏调理食品和开袋即食烟熏食品均是在调味液中按配方加入一定浓度的烟熏液，然后经相关工序加工而成，这样能很好地掩盖鲟鱼浓重的腥味。即食食品中的鲟鱼子酱罐头，在20世纪70—80年代最高年产量达3 000～6 000 t，而现在仅不到300 t，市场供不应求，导致其经济价值高。鲟鱼保健食品以硫酸软骨素和胶原蛋白肽为主，硫酸软骨素是来自动物软骨组织的一类天然的糖胺聚糖，该物质可作为治疗风湿和类风湿疾病的药物。近年来，有研究发现硫酸软骨素还具有抗癌、降血脂、促进冠状动脉循环等作用。目前对软骨素的提取已有相关研究：用稀碱法和碱性蛋白酶法单独进行，并用正交实验优化了2种提取方法的工艺条件，然后将方法进一步改进，用碱法与酶法相结合的提取方法提取鲟鱼软骨素，得到的鲟鱼软骨素有更高的纯度，且产品得率较高。鲟鱼皮胶原蛋白的提取一般采用酸和蛋白酶结合处理的方法。酸不同，提取率也不同，通常醋酸的提取率高。程波等用胃蛋白酶、木瓜蛋白酶和胰蛋白酶获得的胶原蛋白提取率分别65.43％、4.74％和4.17％（以干基计），发现胃蛋白酶的提取率最高。冯伟伟等研究6种蛋白酶对胶原蛋白提取率的影响，结果表明胃蛋白酶的提取率最高，木瓜蛋白酶次之，其他酶的提取率都很低。鲟鱼鱼油富含高含量的多不饱和脂肪酸，其中包括二十碳五烯酸和二十二碳六烯酸，这些脂肪酸具有很高的药用价值。它们对于保护视网膜、降低心血管病风险和增强免疫力等方面具有良好的效果。关于鲟鱼油的研究，目前已经有一些相关文献报道。其中一项研究使用鲟鱼内脏作为原料，采用三种不同的抗氧化剂对鱼油在提取过程中的抗氧化性能进行了研究，并确定了最佳的工艺条件。此外，还对鱼油的过氧化值进行了测定，以评估其氧化程度。应用以上工艺从鲟鱼肚等鲟鱼内脏中提取鱼油，并对不饱和脂肪酸进行了测定，发现鲟鱼脂肪酸的不饱和程度明显高于淡水养殖鱼类，因此鲟鱼肚和鲟鱼内脏是提取鱼油的较佳原料。

二、鲟鱼的养殖现状

在20世纪80年代之前，全球鲟鱼产量主要依赖于野生捕捞。在1977年，野生捕捞的鲟鱼产量达到了历史最高水平，为3.18万t。然而，从80年代开始，由于过度捕捞和生态环境破坏等因素的影响，野生鲟鱼资源的产量急剧减少。1998年4月1日起，为了保护鲟科鱼类的资源，CITES将全球所有鲟科鱼类列为保护对象，并对野生鲟鱼资源的贸易进行了管制。在鲟鱼产品，尤其是鲟鱼子酱的国际贸易需求的刺激下，鲟鱼人工养殖逐渐兴起。到了21世纪，人工养殖已经取代野生捕捞，成为全球鲟鱼产量的主要来源。

据报道，全世界现存鲟鱼共计27种，依其习性可分淡水、咸淡水及海水3种类型。但在各国常作为人工繁殖的，只有小体鲟、闪光鲟、高首鲟、中吻鲟、俄罗斯鲟、西伯利亚鲟、亚得里亚鲟、意大利鲟、黑海鲟、施氏鲟、中华鲟及杂交鲟等10余种。据检测，雌鲟的性成熟，一般养殖群体较野生群体早，比如高首鲟野生群体15年性成熟，而养殖群体仅需8～9年；施氏鲟野生群体13年性成熟，养殖群体6年；小体鲟野生群体7年性成熟，养殖群体仅4年便成熟。截至2017年，全球共有32个国家和地区参与鲟鱼养殖，总产量达到9.9万t。其中，养殖产量排名前五的国家分别是中国、亚美尼亚、伊朗、俄罗斯和越南，它们分别占据全球鲟鱼养殖产量的84.01%、3.84%、2.65%、2.61%和1.34%。

我国攻克了鲟鱼人工繁殖技术后，鲟鱼养殖地域逐步扩大，从最初的辽宁等冷水性水域逐渐向南方地区发展。根据《中国渔业统计年鉴》的数据，我国鲟鱼产业主要集中在山东、四川、浙江等省份，养殖产量排名前三的省（市）分别是山东、广东和北京。我国用于鱼子酱加工的鲟鱼种类包括施氏鲟和西伯利亚鲟。自2006年我国首次出口鲟鱼子酱以来，约有20家企业获得了生产许可证。我国生产的鲟鱼子酱有95%出口到国际市场，主要出口国家包括法国等。经过多年的发展，我国的鲟鱼产业链条基本形成，主要可划分为原良种保种和养殖流通两个部分。产业链涉及科研、养殖、副产品深加工等多个领域，企业主要集中在养殖领域。我国拥有一定规模的鲟苗种生产企业，总共有14家。然而，大个体鱼加工环节相对薄弱，满足不了鲟鱼养殖规模的需求。

1956年，中国水产科学研究院黑龙江水产研究所成功进行了对野生施氏鲟亲鱼的催产实验，首次获得了人工繁殖的鲟鱼苗。从1990年开始，我国开始探索引进鲟鱼苗种和开展鲟鱼人工养殖，随后逐渐进行鲟鱼选育、人工繁殖和规模化生产。我国鲟鱼养殖产量也从2003年的1.1万t增长到2017年的8.3万t，成为全球鲟鱼养殖产量最大的国家。

我国在鲟鱼养殖方面进行了大规模商业化养殖，涉及的种类主要有黑龙江的施氏鲟、达氏鳇以及施氏鲟和达氏鳇的杂交种。此外，还引进了俄罗斯鲟、西伯利亚鲟、匙吻鲟、闪光鲟、小体鲟、欧洲鳇以及欧洲鳇和小体鲟的杂交种等。经过二十多年的养殖摸索，我国已经形成了一套比较成熟的鲟鱼人工繁殖和养殖技术体系。目前，主要的养殖种类包括西伯利亚鲟、施氏鲟、西伯利亚鲟与施氏鲟的杂交种、施氏鲟和鳇的杂交种以及匙吻鲟等。主要养殖区域集中在山东、云南、湖北、贵州和湖南等省份。2017年，这些省份的鲟鱼养殖产量分别为1.14万t、0.96万t、0.81万t、0.79万t和0.65万t，分别占全国鲟鱼养殖总产量的13.8%、11.6%、9.7%、9.5%和7.9%。到了2021年，全国鲟鱼淡水养殖产量达到12.19万t，比2020年增长了16.9%，云南、贵州、山东和湖北的养殖产量位列全国前四位，分别为2.67万t、2.28万t、1.03万t和0.83万t。

三、鲟鱼加工产品的开发现状

鲟鱼营养丰富，因此会成为保健品及临床医用品的重要原料。人工养殖的鲟鱼有很高的商业价值，目前，我国已有相应的鲟鱼养殖基地。以鲟鱼为原料，可以加工成许多鲟鱼制品，例如鲟鱼片、鲟鱼子酱、糍粑鲟鱼等，这对于丰富食品加工业和促进鲟鱼产业的发展有着重要意义。

（一）鲟鱼肉

鲟鱼肉厚且无刺，肉质鲜美，可用于制作冰鲜、速冻、熏制、罐装等加工产品。烟熏是一种传统的食品加工和保藏方法，能赋予加工产品独特的风味。近年来，随着淡水渔业的发展，烟熏鱼制品越来越受欢迎。烟熏的方法是将经过处理的原料放置于烟熏室中，然后让熏材缓慢燃烧产生烟气，在适当的温度下使食品在干燥的同时吸收木材烟气，经过一定的熏制时间，使制品的水分减少到所需含量，从而改善色泽并延长保藏期。烟熏鲟鱼制品具有制造工艺简单、营养丰富、风味独特、食用方便等特点，深受广大群众的喜爱。鲟鱼肉加工成的小包装熏制品、烤鱼片、酱鱼肝、炒鱼松、熏烤鱼香肠等在国际市场上非常受欢迎。调查发现，西欧及美国人对熏烤鲟鱼制品兴趣较大，产品售价可观。然而，在中国，仅一些大型宾馆、饭店等具有招待客商的习惯的场所使用熏烤制品。

（二）鲟鱼卵

鱼子酱，与鹅肝、松露并称"世界三大美味"，是世界上最为精美的食品之一，数百年来都是品位的象征。因为其量稀少、味道极美，所以在古希腊、古罗马、古俄国、古代中国均为贡品。英国国王爱德华二世对鲟鱼赞赏有加，甚至将其命名为"皇帝鱼"。目前，我国鲟鱼子酱的生产规模还较小，急需开拓市场。现今是我国发展鲟鱼加工产业的大好时机，通过加大投资力度，深化企业合作，充分利用国内鲟鱼养殖资源优势，开发鲟鱼深加工产业，将有望将我国发展成为养殖鲟鱼子酱大国。

（三）鲟鱼骨

鲟鱼骨是鲟鱼加工的主要废弃物，目前加工企业对鲟鱼废弃物的综合利用率较低，主要的处理方法是销售给饲料生产商，若企业日加工量较小，就会把这些废弃物当作垃圾处理。

鲟鱼头和脊索中硫酸软骨素含量丰富（大于30%），硫酸软骨素能够抑制癌细胞生长和扩散、提高人体免疫力。国家重点企业江苏中洋集团将鲟鱼软骨冷冻，制成加热即食食品，现已投放市场；湖北天峡鲟业有限公司利用鲟鱼加工产品的副产物软骨制作的软骨羹罐头食品和软骨胶囊，均被授以中国发明专利。利用鲟鱼头盖壳和甲骨板，还可以加工成品质优良的明胶。

（四）鲟鱼皮

鲟鱼皮的质量约占鲟鱼总质量的5%～7%。鲟科鱼类属于软骨硬鳞鱼类，因此鲟鱼皮很难直接食用。目前，鱼皮的应用主要集中在制胶或皮革方面。野生鱼皮制革工艺技术方案已成功用于加工鞣制野生鱼皮，并制备出一种防水鱼皮革。市场上已有一些高档产品，如男士皮带、女士手袋等，采用了这种鱼皮。人工养殖的鲟鱼皮可以作为原料加工制作皮画，用作旅游纪念品或装饰品销售。鲟鱼皮富含矿物质和胶原蛋白，因此其营养价值倍受关注。一些学者已将鲟鱼皮用于食品领域的研究，目前已开发出鲟鱼皮软包装冷冻调理食品、胶原蛋白和鲟鱼皮明胶等产品。

四、鲟鱼的国内外贸易

国际鲟鱼贸易产品形式主要是鲟鱼子酱和鲟鱼子酱代用品，鲟鱼肉及制品贸易量较少。根据联合国商品贸易统计数据库统计分析，鱼子酱主要出口国有中国、法国、德国、意大利、美国和伊朗等，进口国主要集中在欧美国家。

鲟鱼子酱是一种价格昂贵的产品，在中国国内的消费相对较少，主要出口到欧美等国家。自2013年以来，中国的鲟鱼子酱出口量和出口额一直呈现持续增长的趋势。

近五年来，鲟鱼子酱的出口量平均增长率为34.7%，出口额平均增长率为15.8%，但出口价格呈现下降的趋势。2022年，中国的鲟鱼子酱出口量达到了266.42 t，出口额近5.2亿元。主要出口省份集中在浙江、四川、云南、湖北和福建。国内市场上，鲟鱼消费以鲜活鲟鱼产品为主，上市的规格一般为大于1 000 g/尾。近两年来，中国的鲟鱼产业面临产能过剩的状况，导致价格低迷。规格在1 000 ~ 6 000 g/尾的商品鱼的出塘价格维持在23 ~ 31元/kg，而鲟鱼子酱的国内销售价格维持在每千克4 000元左右。

第三节　鲟鱼产业存在的问题及发展机遇

一、鲟鱼产业存在的问题

我国鲟鱼产业在过去20多年取得了长足的发展，养殖技术日趋成熟，加工企业也从无到有，基本形成了苗种繁育、成鱼养殖、饲料加工、鲟鱼子酱加工、鲟鱼肉制品加工、鲟鱼副产品加工和休闲渔业等全方位发展的鲟鱼产业链。然而，我国鲟鱼产业也面临一些问题和困境。

（一）种业建设乏力

鲟鱼种业保障体系存在一些缺陷。目前，我国市场上只有一个国家正式审定的鲟鱼品种，鲟鱼优异种质资源的鉴定与保存的深度和广度还不够，生产企业的研发能力相对薄弱。此外，缺乏一个整合了育种、繁殖和推广的一体化龙头企业，而且鲟鱼种业的资金投入总量也较少，无法满足鲟鱼良种培育的需求。

（二）成鱼养殖成本高、投入大

在鲟鱼养殖中，过去网箱养殖曾占据较大份额。然而，在近年来新的环保政策的影响下，一些主要鲟鱼养殖区的网箱养殖已经被取缔或面临取缔，对鲟鱼养殖布局和生产产生了较大的冲击，导致鲟鱼产量有所回落。为了适应该情况，鲟鱼养殖区域继续向西南地区转移，但养殖点分散，单户养殖企业规模较小，技术基础相对薄弱。此外，一些省份尚未建立繁殖场和饲料企业，这进一步推高了鲟鱼养殖的成本。

鲟鱼的性成熟较晚，一般需要8～10年的时间。培育鲟鱼亲本需要投入大量资金，并且在培育过程中还受到水域生态环境、繁殖技术、投资环境、市场等多个可变因素的影响。因此，成鱼养殖的发展速度相对较慢。

（三）产品加工利用率低

国内尚未形成鱼子酱消费文化，因此鲟鱼子酱的销售主要依赖国际市场出口。国内的加工企业在鲟鱼子酱的定价方面没有主动权。受经济下行和鲟鱼企业CITES注册难的影响，鲟鱼子酱的出口面临严格的国际市场检验以及来自国内外的激烈竞争。目前，加工企业生产的鲟鱼产品种类单一，销售渠道也比较单一。鲟鱼加工过程中，下脚料如鱼肉、鱼皮、鱼鳍、鱼尾和内脏等所占比重较大，但加工利用率较低。由于技术、资金和市场等条件的限制，养殖和加工企业单独开发此类产品仍然存在一定的困难。

（四）国内市场销售不畅

在国内市场方面，中国拥有丰富的淡水养殖种类，同等及以下价位的水产品种类繁多，消费者在选择时有更多的选择。相比之下，消费者对鲟鱼的营养价值了解和认识较少。此外，国内消费者对水产品的消费习惯短期内不太可能改变，因此鲟鱼的消费一直以缓慢增长为特点。与青鱼、草鱼、鲢等大宗淡水鱼相比，鲟鱼很难成为主流消费种类。这种现状在短期内难以改变。

二、鲟鱼产业发展机遇

尽管困难重重，但鲟鱼作为新兴名特优养殖种类，其产业仍具有很大的发展潜力和上升空间。

（一）鲟鱼产品具有多元价值空间

鲟鱼具有非常高的营养价值，除了众所周知的可制作成名贵鱼子酱的鲟鱼卵外，鲟鱼肉的肉质细腻、风味鲜美、具有良好的口感。鲟鱼肉中的蛋白质含量高达17.98%，高于一般水产品。此外，鲟鱼的头部、脊索和鱼鳍中富含丰富的软骨。从这些软骨中提取的硫酸软骨素可以制成药品和保健品，用于治疗关节炎、预防心血管疾病和糖尿病等疾病。鲟鱼的头盖骨和甲骨板是制作优质明胶的上等原料。

鲟鱼全身都是宝贵的资源，是一种名特优的水产养殖品种。随着人们对鲟鱼的营养、药用和保健价值的了解和掌握逐渐增加，越来越多的人开始关注和消费鲟鱼制品。鲟鱼的全身各部位都具有丰富的利用价值，包括鱼卵、肉、软骨、头盖骨、甲骨板和皮革等。这些资源可以用于制作多种产品，如鱼子酱、鲟鱼肉制品、软骨提取品、明胶制品和高档皮革制品等。随着对鲟鱼价值的认知不断提高，预计会有越来越多的消费者关注和购买鲟鱼制品。

（二）鲟鱼子酱市场需求大

鲟鱼子酱是鲟鱼制品中价值最高的一类产品。自1998年所有鲟鱼被列入CITES附录Ⅱ后，世界野生鲟鱼的捕捞量显著下降，鲟鱼子酱的产量也从历史最高年产量1 987.50 t减少到2012年的165.36 t。作为高档消费品，鲟鱼子酱的消费市场稳定并不断扩大。由于野生鲟鱼子酱资源受限和市场对鲟鱼子酱的刚性需求，人工养殖鲟鱼子酱的需求不断增长。中国是全球鲟鱼养殖产量居首的国家，具备开发高品质鲟鱼子酱的条件和优势。

（三）有利于开展野生鲟鱼资源保护

开展鲟鱼的人工养殖不仅能够满足人们对鲟鱼产品的需求，还能够减轻人类对野生资源的依赖和破坏。通过鲟鱼的人工养殖和育苗，可以有效地进行人工增殖和放流，补充天然水域中的资源量，有助于恢复生态平衡，起到保护鲟鱼野生资源的作用。

第二章

鲟鱼的生物学特征

第一节　鲟鱼的外形特征

一、鲟鱼的形态特征

　　鲟鱼体型庞大，一般全长在2～3 m，体重200～400 kg；最大个体体长可达7.5 m以上，体重超过1 000 kg。体延长，一般呈梭形，躯干部的横断面呈近五角形。鲟鱼的头部略呈三角形，吻部长且较尖。口下位，比较大，有2对触须。体表有5行菱形的骨板，每个骨板有一个锐利的棘，其他部位裸露，皮肤粗糙。无眶间隔、前鳃盖骨和间鳃盖骨。头上骨板或有或无。背部灰褐色，腹部银白色。体形与其他淡水鱼类有着显著的区别，但与海产的鲨鱼却有许多相似之处（图2-1）。

图2-1　鲟鱼侧面

二、鲟鱼骨

　　如图2-2所示，鲟鱼骨除头盖骨外，其余都为软骨质，软骨又称明骨，是鲟鱼、鲨鱼特有的组织。左右腭方骨与筛骨区或蝶骨区不相连，与颌骨固连。鲟鱼中轴骨骼为一条未骨化的弹性脊索，无椎体，脊索一直延伸到尾鳍上叶。

据测定，鲟鱼软骨（头骨、脊椎骨等）重量约占其体重的6%。

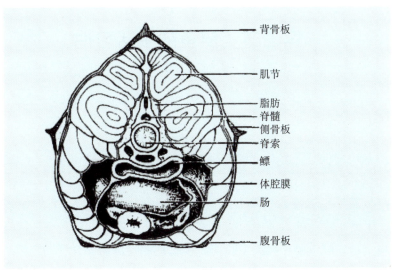

图2-2　中华鲟躯干部横切面

三、鲟鱼鳔

鲟鱼鳔的体积约占身体的5%，为位于体腔背方的长形薄囊。鳔一般分为两室，内含氧气、氮气和二氧化碳等，在缺氧的环境中，鱼鳔可以作为辅助呼吸器官，为鱼提供氧气。其形状有卵圆形、圆锥形、心脏形、马蹄形等。鳔大，鳔管和食道背面相连。

四、鲟鱼的其他器官

鲟鱼口能伸缩，呈管状，口内无齿，与鳃膜不相连结。头表面光滑，眼睛较小。背鳍和臀鳍后位。胸鳍低位。腹鳍在背鳍前方。鳍条不骨化。尾鳍歪形，或呈鞭状，上叶长于下叶。尾鳍上缘有1行棘状鳞。尾巴歪形，上叶长而尖，下叶粗短。内食道短。胃部膨大，有幽门囊。肠短，有发达的螺旋瓣。

第二节　鲟鱼的生活习性

一、栖息环境

鲟鱼属于底层冷水鱼类，通常栖息在水体的中下层。它们偏爱清澈的水质，生活在流动的水域中，喜欢溶解氧含量较高、水温较低、底质为砾石的环境。尽管鲟鱼是一种大型鱼类，但它们的性情温和，行动迟缓，不擅长跳跃。大部分鲟鱼属于洄游性或半洄游性鱼类，可以分为"海-河洄游"和"江-河洄游"两种类型。其中，大约一半的鲟鱼种类属于溯河洄游产卵鱼类，它们会迁徙至河流上游的特定地点进行产卵。

除了中华鲟、长江鲟和白鲟之外，大部分鲟鱼能够在亚冷水性环境中生存，它们适应$0 \sim 30℃$水温，不同种类之间可能会有轻微的差异。鲟鱼在$20 \sim 26℃$的水温下生长最佳。当水温达到4℃时，它们开始进食；而在16℃以上的水温下，摄食活动会更为旺盛；当水温低于7℃或高于26℃时，鲟鱼的食欲会减退，生长速度会减慢；当水温超过30℃时，鲟鱼的摄食活动会停止，并逐渐变得虚弱，最终可能导致死亡。

鲟鱼对水中的溶解氧量有一定的要求。它们的耗氧率与水环境中的溶解氧量呈正相关关系，即当水中的溶解氧量较高时，鲟鱼的耗氧率也较高；而随着水中溶解氧量的下降，鲟鱼的耗氧率也会相应下降。为了保证鲟鱼的顺利生长，一般水中的溶解氧量应该保持在$6 \sim 8mg/L$的范围内。这样的溶解氧水平可以满足鲟鱼的正常代谢需求，确保其充分摄取氧气以维持生命活动。

鲟鱼的幼鱼（一般指1岁以上）对水环境有较强的适应能力。在鱼苗阶段，它们对水质的要求较高，因此养殖应该选择溶解氧高、有机物含量低、水流清新的水体进行。关于水质，鲟鱼幼鱼需要养在水质较好的环境中。这意味着水中应该有足够的溶解氧，以满足鱼体的呼吸需求。同时，水中的有机物含量应该较低，以避免对鱼体的不良影响。此外，水流的流动性也很重要，可以帮助维持水体的清洁度和氧气的供应。关于pH，一般来说，鲟鱼养殖的适宜pH范围是7～9。这个范围内的pH可以提供相对稳定的酸碱平衡环境，有利于鲟鱼的正常生长和健康状态的维持。

鲟鱼是一种能够在咸淡水水域中自由迁徙的鱼类。对于鲟鱼的盐度要求，一般情况下，它们可以直接放入盐度为4～5的水体中，而无需经过先期的过渡过程。在放入盐度为4～5的水体后，经过5～10 h，鲟鱼可以逐渐适应并将盐度增加到6～7。而在接下来的24～48 h内，鲟鱼就能够适应盐度为9～10的水体。

二、食性

鲟鱼是以摄食动物性饵料为主的鱼类，它们的食物类型在不同生长阶段有所不同。在仔鱼期，鲟鱼主要以浮游生物为食，如浮游甲壳类和浮游软体动物等。在幼鱼期，鲟鱼的食物主要是底栖的水生寡毛类、水生昆虫、小型鱼虾和软体动物。它们以这些底栖生物为主要食物来源。成鱼期的鲟鱼会食用小鱼、底栖动物或动植物的渣滓。例如，白鲟是一种凶猛的鱼类，主要以鱼类、虾类和蟹类为食。而匙吻鲟则仍然以浮游生物为主要食物来源。在人工饲养的环境中，经过驯化的鲟鱼幼苗和成鱼都可以摄食人工配合饲料。然而，鲟鱼对食物的惯性很强，可能会拒食不熟悉的食物。例如，当开始使用配合饲料时，可能需要一定的驯化时间，逐渐引导鲟鱼接受新的食物。

第三节　鲟鱼的生长周期

鲟鱼的生长速度较快。一般来说，孵化后的鱼苗经过大约一个月就可以达到7～10 cm的长度。在适宜的条件下，人工饲养的鱼苗可以在两个月内增长到25g的体重。此后，鲟鱼的生长速度会加快，特别是在第一年的早春放养的10～15g重的鱼苗，经过9～10个月的时间就可以养殖成重约1kg的商品鱼。

鲟鱼的繁殖习性与生殖特征具有一定的特点。以下是一些常见的繁殖习性描述：野生鲟鱼的雌鱼通常在9～13岁达到性成熟，而雄鱼则在6～7岁性成熟。例如，施氏鲟的性成熟年龄一般为雌鱼9～10岁、雄鱼7～8岁。鲟鱼的生殖周期通常为2～4年，而产卵期一般在5—6月（中华鲟在秋季）。在冬季，鲟鱼会在大江深潭处越冬，水体解冻后游往产卵场所。鲟鱼对产卵场的选择非常严格，在自然环境下有时会游上千千米的距离来寻找合适的产卵场。在产卵期间，雌鱼的摄食强度很低，甚至会处于空胃状态。成熟的鲟鱼通常会选择水流平稳、水深2～3 m、底质为沙砾的河流作为产卵场，它们会将卵黏附在沙砾上。繁殖时的水温通常在18～26℃，水中溶解氧要求在6 mg/L以上，水体透明度要求在30厘米以上，pH在7～8之间。

在人工养殖条件下，由于饵料充足、营养丰富，并且环境温度较高，鲟鱼的性成熟时间要比野生鲟鱼提前1～2年。然而，由于人工养殖条件与自然环境存在较大差异，为了促使鲟鱼在人工养殖条件下性腺成熟，需要采用人工调控温度、光照、水流等环境因素，并结合生理诱导等技术手段。

第三章

鲟鱼的主要种类及分布

世界上现存鲟鱼1目2科6属27种，仅分布于北半球，现存9个自然分布区，分别为太平洋东岸、北美大湖地区、大西洋西北部、北美密西西比河流域和墨西哥湾、大西洋东北部、里海地区、西伯利亚及北冰洋流域、黑龙江水系和日本海、长江和珠江水系。中国鲟类隶属2科3属8种，主要分布在长江水系、黑龙江水系和西北的新疆三个区域内，即栖息于黑龙江水系的施氏鲟和鳇，栖息于长江水系的中华鲟、白鲟和长江鲟，以及分布于新疆地区伊犁河的裸腹鲟、额尔齐斯河的小体鲟和西伯利亚鲟。

一、西伯利亚鲟（*Acipenser baerii*）

（一）形态特征

西伯利亚鲟活体形态如图3-1所示，西伯利亚鲟最大全长可达200cm、重200 ~ 210kg，最大年龄60龄。东部地区（勒拿河和科雷马河）的个体明显较小，最大不超过16kg。全身覆盖着5列骨板，吻的长度通常不超过头长的70%；吻端呈锥形，两侧边缘呈圆形，头部有喷水孔；口位于水平位置，朝下开口，吻须呈圆形。无背鳍后骨板和臀后骨板；侧骨板通常与躯干部颜色相似。体色变化较大，背部和体侧浅灰色至暗褐色，腹部白色至黄色。骨板行间的体表分布有许多小骨片和微小颗粒，幼鱼骨板尖利，成鱼骨板磨损变钝。口较小，下唇中部裂开。吻须光滑或着生少许纤毛。鳃耙扇形。

图3-1　西伯利亚鲟

（二）分布范围

西伯利亚鲟主要分布于俄罗斯西伯利亚地区流入北冰洋的河流中，自西部的鄂毕河，经叶尼塞河、帕亚希纳河、哈坦加河、阿纳巴尔河、奥列内克河、勒拿河、因迪吉尔卡河，至东部的科雷马河的所有西伯利亚大河中均有分布。此外，在贝加尔湖也有西伯利亚鲟的分布，形成西伯利亚鲟的陆封种群。20世纪50年代后期，人们将勒拿河和贝加尔湖等水域的西伯利亚鲟幼鲟放流至波罗的海、伏尔加河及拉多加湖等水域，虽然观察到西伯利亚鲟在这些水域中的生长和分布，但由于西伯利亚鲟在这些水域中很容易被捕捞，特别是这些水域不具备诱发西伯利亚鲟产卵的自然条件，因此西伯利亚鲟最终未能在欧洲这些水域中形成稳定的自然群体。20世纪70年代，西伯利亚鲟成鱼被引入法国和匈牙利，80年代初期，这些引进的西伯利亚鲟即实现了人工繁殖。到80年代末期，西伯利亚鲟又被从匈牙利引入德国、意大利和奥地利。中国、日本等国也引进了西伯利亚鲟进行养殖。

二、欧洲鳇（*Huso huso*）

（一）形态特征

欧洲鳇是大型鲟类，如图3-2所示，可长达600cm、重1 000kg。欧洲鳇体高为全长的9%～22%，头长约为全长的23%，吻长为全长的7%～12.5%。全身被以5列骨板，吻长占头长的70%以下，吻须4根；吻端锥形，两侧边缘圆形，头部有喷水孔；嘴大，呈星月形，开口向前，吻须扁平，左右鳃膜相互连接；吻须呈叶状，身体最高点不在第一背骨板处，无背鳍后骨板。欧洲鳇背部和体侧呈灰色，有时黑色，向下逐渐转为白色。其腹部白色，吻为黄色。在骨板行间分布有大量小骨板和细粒。在年龄较大的个体中，侧骨板和腹骨板藏于皮下。

图3-2　欧洲鳇

（二）生态习性及分布范围

在海水水域，欧洲鳇主要栖息在水域的中上层地带，其垂直分布取决于食物的分布，在黑海，欧洲鳇可以潜入160m，甚至180m的深处。欧洲鳇的溯河洄游开始于1月底或2月，止于11月底或12月。春季型种群在它们进入河流的当年产卵，而冬季型种群在淡水中越冬，次年春季产卵。主食水生昆虫幼体，也食甲壳类。欧洲鳇分布在里海、亚速海、黑海和亚得里亚海以及流入上述海域的河流，这些河流是：流入里海的伏尔加河、乌拉尔河、库拉河等，流入亚速海的顿河和库班河，流入黑海的多瑙河、德涅斯特河、南布格河、第聂伯河等，以及流入亚得里亚海的波河。

三、长江鲟（*Acipenser dabryanus*）

（一）形态特征

长江鲟活体形态如图3-3所示。长江鲟体呈梭形，胸鳍前部较为扁平，后部略呈侧扁形状。头部呈楔形，吻端尖细且稍微向上翘起。鼻孔较大，位于眼睛前方。眼睛相对较小，位于头部的侧面中央位置。口位于下方，呈横裂状，具有伸缩能力，上下唇上有许多细小突起。吻的腹面有两对较长的触须，长度约等于须的基部距离口前缘的一半。鲟鱼的鳃裂较大，鳃耙较多且排列密集，呈薄片状。长江鲟只有一个背鳍，位于体后部，起点在腹鳍之后，靠近尾鳍。臀鳍的起点稍后于背鳍。胸鳍位于鳃孔后方的下方位置，位置较低。腹鳍的后缘呈凹形。尾鳍呈歪形，上叶尤其发达。

长江鲟的皮肤在幼鱼时较为粗糙，而成体的皮肤则呈现不同程度的光滑表面。其体表具有5列纵行骨板，背鳍前方有9～14块骨板，第一块骨板并不特别大，而背鳍后方有1～2块骨板。体侧骨板的数量在31～40块，腹侧骨板有10～12块，臀鳍前后各有1～2块较大的骨板。成熟的长江鲟的额骨和顶骨在背中线上相互紧密连接或嵌合，它们之间没有缝隙或孔隙。在脊柱结构方面，长江鲟通常具有约27节完整的壳状椎体。在两个基背片之间，只有1个间背片。在尿殖管结构方面，长江鲟的内输卵管的游离部分相对较长，后端有小孔，而雄性具有细长的内输卵管盲管。体背部和侧板以上为灰黑色

图3-3　长江鲟

图片来源：杜浩，中国水产科学研究院长江水产研究所。

或灰褐色，侧骨板至腹骨板之间为乳白色，腹部黄白色或乳白色。

（二）分布范围

长江鲟分布于中国长江干支流，上溯可达乌江、嘉陵江、渠江、沱江、岷江及金沙江等的下游。

四、中华鲟（*Acipenser sinensis*）

（一）形态特征

中华鲟活体形态如图3-4所示。中华鲟体长形，两端尖细，背部狭，腹部平直。头呈长三角形。吻尖长。鼻孔大，两鼻孔位于眼前方。喷水孔裂缝状。眼小，椭圆形，位于头后半部。眼间隔宽。口下位，横裂，凸出，能伸缩。唇不发达，有细小乳突。口吻部中央有2对须，呈弓形排列，其长短于须基距口前缘的1/2，外侧须不达口角。鳃裂大，假鳃发达。鳃耙稀疏，短粗棒状。背鳍1个，后位，后缘凹形，起点在臀鳍之前。臀鳍与背鳍相对，在背鳍中部下方。腹鳍小，长方形，位于体中央后下方，近于臀鳍。胸鳍发达，椭圆形，位低。尾鳍歪形，上叶特别发达，尾鳍上缘有1纵行棘状鳞。

幼鱼体表光滑，成鱼体表粗糙。具5纵行骨板。背部正中1行较大，背鳍前有8～14块，背鳍后有1～2块；体侧骨板29～43块；腹侧骨板13～17块；臀鳍前后各有1～2块。成熟鱼额骨、顶骨在背中线上彼此不紧接，留下长形的间缝（或间孔），可见到下面的软骨脑颅。脊椎结构上，只有9枚左右完整的壳状椎体，在两枚基背片之间有2～4枚间背片。尿殖管结构上，中华鲟内输卵管较短，雄体的内输卵管末端封闭，不具内输卵管盲管。体色在侧骨板以上为青灰、灰褐或灰黄色，侧骨板以下逐步由浅灰过渡到黄白色，腹部为乳白色。各鳍呈灰色而有浅边。

图3-4 中华鲟

（二）分布范围

中华鲟是鲟形目中唯一一种跨越北回归线的鱼类。它曾主要分布于朝鲜半岛西海岸以南的沿海地区和各大江河，包括中国长江干流的金沙江以下至入海口，以及其他水系如赣江、湘江、闽江、钱塘江和珠江水系，尽管在这些水系中出现的频率较低。目前，中华鲟的分布范围包括中国、日本、韩国、老挝和朝鲜。

五、施氏鲟（*Acipenser schrenckii*）

（一）形态特征

施氏鲟活体形态如图3-5所示。施氏鲟体呈长纺锤形，腹部扁平。它的体表覆盖着5行骨板，其中背部有1行、体侧和腹侧各有2行。这些骨板之间通常有微小的骨颗粒存在。幼鱼的体表骨板上有朝向后方的棘状突起。施氏

图3-5 施氏鲟

鲟的口位于头部的腹面，呈管状，可伸缩。它的唇部有皱褶，形状类似花瓣。鳃膜不相连结。在口的前方，有2对须，这些须横生并排在一条直线上。施氏鲟的吻的形状存在较大的变异。有些个体的吻呈锐三角形，而有些则像矛头。在吻的腹面和须的前方，有若干疣状突起，因此在一些地方它被称为粒浮鱼。施氏鲟的尾部呈歪形，上叶发达。尾鳍的背面分布有一些棘状硬鳞，也被称为棘鳞。施氏鲟的背部通常呈黑褐色或灰棕色，而人工养殖的个体中，黑色较为常见。腹部则呈银白色。

（二）分布范围

施氏鲟分布于中国和俄罗斯，是中国现存鲟鱼中最具有经济价值的优质珍稀鱼类，在黑龙江、乌苏里江、松花江等水系均有分布。

六、俄罗斯鲟（*Acipenser gueldenstaedti*）

（一）形态特征

俄罗斯鲟活体形态如图3-6所示。俄罗斯鲟的全身覆盖着5行骨板。它的吻相对于头部长度而言较长，占头长的70%以下。俄罗斯鲟的吻部有4根须。吻的末端呈锥形，两侧边缘是圆形。它的口位于水平位置，朝下开口，吻须呈圆形。俄罗斯鲟身体最高点并不在第一背骨板处，而且第一背骨板也不是最大的骨板。它可能具有背鳍后骨板和（或）臀后骨板，而臀鳍基部两侧则没有骨板。通常情况下，第一背骨板与头部骨板是分离的；背骨板与侧骨板间常有星状小骨片。俄罗斯鲟体色变化较大。背部灰黑色、浅绿色或墨绿色，腹部灰色或浅黄色。幼鱼背部呈蓝色，腹部白色。

图3-6　俄罗斯鲟

（二）分布范围

俄罗斯鲟广泛分布在里海、亚速海和黑海以及流入上述海域的河流，这些河流主要是：流入里海的伏尔加河、乌拉尔河、萨穆尔河、库拉河、伦科兰卡河和阿斯塔拉河；流入亚速海的顿河和库班河；流入黑海的多瑙河和第聂伯河。最大的俄罗斯鲟种群是里海至伏尔加河种群。20世纪60年代，俄罗斯鲟曾被试验性地引入拉多加湖和波罗的海。

现存在于阿塞拜疆、保加利亚、格鲁吉亚、伊朗、哈萨克斯坦、摩尔多瓦、罗马尼亚、俄罗斯、塞尔维亚、土耳其、土库曼斯坦、乌克兰。中国黑龙江、新疆等地有引种养殖。在奥地利、克罗地亚、匈牙利已经灭绝。

七、匙吻鲟（*Polyodon spathula*）

（一）形态特征

匙吻鲟活体形态如图3-7所示。匙吻鲟最大全长可超过180cm，体重37kg以上。体长梭形，胸鳍前部平扁，后部稍侧扁。头较长，头长为体长的一半以上。吻延长呈桨状，扁平，前宽后窄。眼极小，椭圆形，侧位。口下位，口裂大，弧形，两颌有尖细小齿。鳃孔大，不与峡部相连。鳃盖膜上方特别延长，呈三角形。鳃耙细长，且密集。

背鳍位于体后方，近于尾鳍基。背鳍和臀鳍鳍基部肌肉均发达，后缘均呈镰刀状。臀鳍位于背鳍中部下方。胸鳍侧下位，后端不达腹鳍。腹鳍位于背鳍前方，后端接近臀鳍始点，尾鳍歪形，上叶长于下叶，硬鳞13～20片。体表光滑，仅尾鳍上叶有棘状硬鳞。侧线侧中位，近直线形，后端至尾鳍上

图3-7　匙吻鲟

叶，体背部色深，背鳍、臀鳍、尾鳍末端黑色。

（二）分布范围

1900年以前，匙吻鲟广泛分布于美国中北部地区的大型河流及附近的海湾沿岸地区，北美五大湖（苏必利尔湖、休伦湖、密歇根湖、伊利湖、安大略湖）也有残遗种群。主要分布于美国密苏里河和密西西比河流域以及阿拉巴马河，也偶见于墨西哥湾。匙吻鲟已被成功引入台石湖（阿肯色州），并在流入该湖的詹姆斯河产卵。1994—1995年，余志堂移植分布于密西西比河的匙吻鲟受精卵20万粒，投放于中国河南、江西、湖南和湖北等地5座水库之中，生长良好。

匙吻鲟在加拿大安大略省及美国密歇根州、纽约已经灭绝，在美国宾夕法尼亚州、北卡罗来纳州可能灭绝。

八、杂交鲟（Hybrid sturgeon）

杂交鲟是由鳇鱼和鲟鱼杂交产生的鱼种。

（一）形态特征

杂交鲟活体形态如图3-8所示。杂交鲟躯体延长，背部黑色，腹部白色，被5行骨板。

图3-8　杂交鲟

（二）分布范围

杂交鲟主要分布于里海、黑海、波罗的海、白海等海域的河流入海口地区。

第四章

鲟鱼的营养成分及
食用价值

第一节　鲟鱼的营养成分

一、鲟鱼主要器官的营养成分及其比较

肌肉中主要含有蛋白质、氨基酸、DHA 和 EPA 等物质；软骨中主要含有硫酸软骨素、钙、多肽、多糖等物质；肝脏中主要含有活性酶、金属硫蛋白等物质；鱼皮中主要含有胶原蛋白等物质，且是上等皮料；鱼鳔中主要含有胶原蛋白等物质，且是上等药材；鱼肠中主要含有消化酶、蛋白质、氨基酸等物质；鱼油中主要含有不饱和脂肪酸、叶酸等物质；鱼胆中主要含有去氧胆酸等物质；鱼精液中主要含有鱼精蛋白等物质；鱼子中主要含有蛋白质、微量元素、多种维生素、多种必需氨基酸和不饱和脂肪酸等物质；鱼鳍中主要含有丰富的氨基酸、蛋白质，矿物质含量也丰富，特别是钠、锌和硒。

研究者对人工养殖条件下的俄罗斯鲟、小体鲟、施氏鲟、达氏鳇、杂交鲟和匙吻鲟的营养成分含量进行了分析，并发现各项指标的结果相近。其中，鱼类肌肉中的蛋白质含量被认为是评价其营养价值的重要指标之一，也是评价鱼类种质的重要依据。在宫民的研究中，鲟鱼肌肉的平均蛋白质含量为17.98%。这个结果可以作为了解鲟鱼肌肉蛋白质含量的一个参考值。

脂肪含量也是评价鱼肉品质的重要标准之一。适当的脂肪含量可以增加肉质的柔嫩感和风味的浓郁感，并带来一些与脂肪酸共存的香味。研究表明，鲟鱼肌肉中的脂肪平均含量为3.59%，处于良好的适口性范围内，可确保鲟鱼肌肉的肉质细腻且风味鲜美。

比较俄罗斯鲟、小体鲟、施氏鲟、达氏鳇、杂交鲟和匙吻鲟等几种鲟鱼的肌肉成分，发现小体鲟肌肉中的水分含量略低，蛋白质的含量略高于其他

几种鲟鱼。此外，小体鲟肌肉的脂肪含量仅低于施氏鲟，具有丰富的口感和细腻的味道，而灰分含量则低于俄罗斯鲟和杂交鲟。

鲟鱼软骨中所含的抗癌因子据称是鲨鱼软骨的15～20倍。对西伯利亚鲟软骨的研究表明，鲟鱼软骨是一种低脂肪的食品，粗脂肪含量仅为1.99%，相对来说蛋白质的含量较高，因此被认为是一种很好的低脂肪、高蛋白食品。对施氏鲟鱼皮的研究表明，鲟鱼的皮具有低糖、高蛋白的特点，富含微量元素和人体必需氨基酸。

二、鲟鱼的蛋白质

（一）蛋白质含量

鲟鱼蛋白质含量高，鲟肉粗蛋白质量分数约为15%，氨基酸总量为湿质量的15.73%，高于草鱼（13.55%）和黄颡鱼（14.11%），低于鳜（16.61%）。鱼肉中含蛋白质18.1%，鱼卵中更是高达26.2%。鲟鱼的肌肉中不仅蛋白质含量高，而且氨基酸组成合理，生物效价高。与人类的需求相比，鲟蛋白质特别丰富，其中组氨酸和异亮氨酸的质量分数分别是8.2 mg/g和9.2 mg/g，与罗非鱼相似，鱼肉中色氨酸含量相对较低。

蛋白质是人类营养物质中最重要的组成部分之一，其营养价值的高低主要取决于氨基酸的齐全性和必需氨基酸的含量，其中包括蛋氨酸和组氨酸在氨基酸总量中所占的比例。通过对7种鲟鱼肌肉中的氨基酸组成和含量进行分析比较，可以综合考虑氨基酸组成、氨基酸总量和必需氨基酸含量等因素。根据研究结果，在除了匙吻鲟之外的几种鲟鱼中，氨基酸组成大致相同。然而，这几种鲟鱼肌肉中的氨基酸总量从高到低依次为：小体鲟＞施氏鲟＞杂交鲟＞达氏鳇＞匙吻鲟＞俄罗斯鲟。从蛋氨酸和组氨酸在氨基酸总量中所占的比例来看，小体鲟和匙吻鲟肌肉中这两种氨基酸在氨基酸总量中所占的比例相近，明显高于其他几种鲟鱼。

（二）必需氨基酸组成

必需氨基酸是指人体无法自行合成或合成速度不能满足需求，必须通过食物摄取的氨基酸。在上述几种鲟鱼肌肉中，含有最高必需氨基酸含量的是小体鲟，为9.19%，而含量最低的是俄罗斯鲟，为5.95%。研究表明，氨基酸总量较高的鱼类通常其必需氨基酸含量也相对较高，反之亦然。在本研究中，小体鲟肌肉的氨基酸总量和必需氨基酸含量均较其他几种鲟鱼为高。根据人类膳食蛋白质模式和FAO/WHO建议的理想蛋白质模式，高质量的蛋白质应是必需氨基酸与总氨基酸的比值约为40%左右，必需氨基酸与非必需氨基酸的比值应超过60%。因此，鲟鱼肌肉中的必需氨基酸种类齐全、含量丰富、比例适宜。这使得鲟鱼肌肉的蛋白质具有较高的营养价值，并有利于人体的消化吸收。综上所述，鲟鱼肌肉中的必需氨基酸含量丰富且比例适宜，使其蛋白质具有较高的营养价值。

（三）氨基酸的支/芳值分析

支链氨基酸与芳香族氨基酸的比值（缬氨酸＋亮氨酸＋异亮氨酸）/（苯丙氨酸＋酪氨酸）也是评价蛋白质营养价值的指标之一。支链氨基酸具有抑制癌细胞生长和降低胆固醇等功效。健康的人类和哺乳动物支链氨基酸与芳香族氨基酸的比值通常在3.0～3.5，而当肝脏损伤时，这个比值会降低至1.0～1.5。因此，高支链氨基酸、低芳香族氨基酸的混合物具有保肝的作用。对于这几种鲟鱼的支链氨基酸与芳香族氨基酸的比值进行分析，发现俄罗斯鲟肌肉中的支/芳值为3.27，处于人体正常范围内。其他几种鲟鱼的支/芳值也接近人体的正常水平，均较为合理。

（四）鲜味氨基酸

动物蛋白质的鲜美味道在一定程度上取决于其中鲜味氨基酸（谷氨酸、天冬氨酸、甘氨酸和丙氨酸）的组成和含量。谷氨酸和天冬氨酸是呈现鲜味的特征氨基酸，而甘氨酸和丙氨酸则是呈现甘味的特征氨基酸。根据表4-1中的数据，这几种鲟鱼肌肉中鲜味氨基酸的种类齐全且含量丰富。按照含量从高到低的顺序，鲜味氨基酸的含量依次是：谷氨酸（Glu）＞天冬氨酸（Asp）＞丙氨酸（Ala）＞甘氨酸（Gly）。在这几种氨基酸中，谷氨酸是肌肉中主要的鲜味物质，它不仅是鲜味氨基酸，还是脑组织生化代谢中的重要氨基酸，参与多种生物活性物质的合成，因此具有较为重要的地位。根据本研究，鲟鱼肌肉中的鲜味氨基酸含量较高。

表4-1　不同鲟鱼肌肉中鲜味氨基酸含量（g／100g）

氨基酸	小体鲟	施氏鲟	杂交鲟	达氏鳇	匙吻鲟	俄罗斯鲟
Asp	1.43	1.35	1.73	6.52	1.42	1.92
Glu	3.81	3.62	2.70	9.57	2.62	3.08
Gly	0.97	0.89	0.84	3.36	0.78	0.76
Ala	1.11	1.07	0.97	3.73	0.90	1.02

（五）蛋白质氨基酸的营养价值

根据FAO／WHO（1973）提出的蛋白质必需氨基酸标准模式，可以计算鲟鱼肌肉的必需氨基酸评分。研究结果显示，鲟鱼肌肉中的蛋白质氨基酸含量较高，组成比例良好，符合人体需要量模式。其中，小体鲟肌肉的总必需氨基酸评分最高，而匙吻鲟的评分最低。除了俄罗斯鲟之外的其他几种鲟鱼中，第一限制性氨基酸都是色氨酸。在除匙吻鲟外的其他几种鲟鱼肌肉中，赖氨酸评分均最高。这对于以谷物食品为主的中国民众来说，可以弥补谷物食品中赖氨酸的不足，从而显著提高人体对蛋白质的利用率。必需氨基酸指数（EAAI）是评价食品蛋白质营养价值的常用指标之一，它以鸡蛋蛋白质的必需氨基酸为参考标准进行计算。根据计算结果，这几种鲟鱼肌肉的EAAI均大于70，高于中华倒刺鲃（71.34）、鳜（62.30）、美洲黑石斑鱼（57.71）等大多数鱼类，这表明鲟鱼肌肉的营养价值较高。在这几种鲟鱼肌肉中，小体鲟肌肉的EAAI最高，达到84.35，能够更好地为人体提供蛋白质来源。

三、鲟鱼的脂肪酸

粗脂肪中起着决定作用的是脂肪酸的性质和比例，对人体有益的不饱和脂肪酸的含量及比例是决定肌肉品质的主要因素。

根据综合分析文献中关于前述几种鲟鱼肌肉脂肪酸的研究结果，尽管这些鲟鱼肌肉中检测到的脂肪酸种类稍有不同，但棕榈酸、硬脂酸、油酸、亚油酸、花生酸、EPA等几种重要的脂肪酸都有检测到。在饱和脂肪酸（SFA）

方面，棕榈酸的摄入会增加血脂含量，并有可能提高血液中的胆固醇含量。因此，在所食用的肉类中，棕榈酸的含量越低对人体越有益。在鱼体肌肉中，硬脂酸的含量一般都会被检测到，但其被消化的程度很低，容易进行去饱和化作用而转变成油酸。油酸不会提高胆固醇含量，因此硬脂酸不会带来营养方面的问题。肉豆蔻酸也具有提高血液中胆固醇的作用，因此在肌肉中其含量越低越好。食物中饱和脂肪酸的摄入过高，容易导致血液中胆固醇和三酰甘油的升高，进而引起动脉管腔狭窄，形成动脉粥样硬化，增加冠心病发作的风险。

高不饱和脂肪酸（HUFA）是人体所必需的脂肪酸，它具有降低血液中胆固醇、改善血液微循环、增强记忆力等作用。因此，食物中含有越高含量的不饱和脂肪酸越好。在这几种鲟鱼中，小体鲟肌肉中的不饱和脂肪酸的含量较高，为54.06%。因此是较好的不饱和脂肪酸来源。研究表明，单不饱和脂肪酸（MUFA）膳食能够降低低密度脂蛋白和血清总胆固醇的水平，同时不会引起高密度脂蛋白胆固醇的下降。在几种单不饱和脂肪酸中，油酸被认为是一种低血脂性的脂肪酸，具有降低胆固醇和低密度脂蛋白的作用，因此被认为是一种良性的脂肪酸。在这几种鲟鱼中，小体鲟肌肉中的油酸含量较高，为14.29%。亚油酸、亚麻酸和花生四烯酸是多不饱和脂肪酸（PUFA），人体无法自行合成，必须从食物中获取。一旦缺乏这些脂肪酸，人体会出现皮炎、生长迟缓等一系列症状。二十碳五烯酸（EPA）和二十二碳六烯酸（DHA）与脑部和眼睛的发育密切相关，并具有降血压、抗血栓、预防心血管疾病和抗肿瘤等生理功能，是非常重要的脂肪酸。在这几种鲟鱼肌肉中，只检测到EPA。小体鲟肌肉中的不饱和脂肪酸含量最高，为54.06%。

四、鲟鱼的矿物质

人体需要的常量元素包括钙、磷、镁、钾、钠、硫和氯，它们的含量占人体重量的0.01%以上或者膳食摄入量大于100mg/d。而铁、锌、铜、钴、钼、硒、碘和铬等8种微量元素是人体必需的，它们的含量占人体重量的0.01%以下或膳食摄入量小于100mg/d。锰、硅、镍、硼和钒等5种元素是人体可能必需的微量元素。另外，一些微量元素在高剂量下可能具有毒性，但在低剂量下又可能是人体必需的微量元素，这些微量元素包括氟、铅、汞、铝、砷、锡、锂和镉等。无论是哪种元素，与人体所需的碳水化合物、脂类和蛋白质相比，它们的需要量都非常少。

鲟鱼子中铁、锌含量分别达22.07 mg/kg和18.00 mg/kg；鱼鳍酶解蛋白粉中钙、锌和硒含量分别达4.2×10^{5}mg/kg、68.7mg/kg和0.52mg/kg；鲟鱼头蛋白粉中钙元素和硒元素的含量分别达到了3.9×10^{5}mg/kg和0.48 mg/kg；鲟鱼皮中钙元素和硒元素的含量分别达到了2.7×10^{4}mg/kg和0.37mg/kg。

第二节　不同种类鲟鱼的营养差异

一、3种不同冻干鲟鱼龙筋的营养成分

鲟鱼龙筋作为一种高档食材，滋味鲜美，营养健康，深加工潜力巨大。鲟鱼龙筋取自养殖7年左右的成年鲟鱼脊骨，具有独特的药用价值，能提高大脑活力，促进人体健康，含抗癌因子，是高级营养保健佳品。

以俄罗斯鲟雄体、俄罗斯鲟雌体和杂交海博瑞鲟3种鲟鱼的冻干龙筋为原料，通过对其营养成分的测定及分析，发现不同鲟鱼龙筋之间的营养组成存在显著性差异。

（一）鲟鱼龙筋中基本营养成分分析

3种鲟鱼龙筋营养成分上存在明显差异，结果如表4-2所示。

表4-2　不同鲟鱼龙筋基本营养成分含量（％）

基本成分	俄罗斯鲟雄体	俄罗斯鲟雌体	海博瑞鲟
粗蛋白	70.93 ± 0.47^{b}	76.13 ± 0.70^{a}	73.03 ± 1.21^{c}
粗脂肪	5.40 ± 0.22^{b}	3.90 ± 0.50^{c}	9.01 ± 0.21^{a}

（续）

基本成分	俄罗斯鲟雄体	俄罗斯鲟雌体	海博瑞鲟
灰分	9.43 ± 0.07^a	7.39 ± 0.09^b	7.15 ± 0.30^c
碳水化合物	9.60 ± 0.46^a	6.70 ± 0.65^b	4.62 ± 1.15^c

注：表中数据为基本成分占干基的质量分数。同一行中数据标注的不同字母表示数据间存在统计学差异（$P < 0.05$）。

在3种鲟鱼中，俄罗斯鲟雄体的灰分和碳水化合物含量最高，质量分数分别为9.43%和9.60%，与其他2种鲟鱼的龙筋相比有显著差异（$P < 0.05$）。在这3种鲟鱼的龙筋中，粗蛋白质含量最高，其大小排序为俄罗斯鲟雌体（76.13%）＞海博瑞鲟（73.03%）＞俄罗斯鲟雄体（70.93%）。然而，鲟鱼龙筋中的粗脂肪含量普遍较低，其中海博瑞鲟龙筋的粗脂肪含量最高，接近于青干金枪鱼肌肉的粗脂肪含量，但明显低于鲟鱼子酱的粗脂肪含量。这可能是鲟鱼龙筋具有香脆嫩滑、肥而不腻特点的主要原因。总体而言，鲟鱼龙筋属于高蛋白质低脂肪的食品，符合人们对于天然健康保健食品的需求。因此，鲟鱼龙筋是鲟鱼深加工系列产品研发中的一项优势资源。

（二）鲟鱼龙筋中氨基酸组成及评价

1. 氨基酸组成分析

经检测，3种鲟鱼龙筋中均含有18种氨基酸，其中包括8种必需氨基酸、4种鲜味氨基酸和2种半必需氨基酸。必需氨基酸的质量分数在24.99%～27.2%，而鲜味氨基酸的质量分数在46.76%～48.28%。鲟鱼龙筋中鲜味氨基酸的含量较高，其中包括丙氨酸、谷氨酸、天冬氨酸和甘氨酸。在这3种鲟鱼龙筋中，丙氨酸、天冬氨酸和甘氨酸的含量没有显著差异（$P >$ 0.05），而谷氨酸的含量具有显著差异（$P < 0.05$），其中俄罗斯鲟雌体的含量最高。谷氨酸在脑组织生化代谢中扮演重要角色，丙氨酸具有预防肾结石和协助葡萄糖代谢的功能，天冬氨酸可作为钾离子和镁离子的载体向心肌输送电解质，从而改善心肌收缩功能并降低氧耗。在冠状动脉循环障碍时，天冬氨酸对心肌具有保护作用。

3种鲟鱼龙筋的 8 种必需氨基酸中缬氨酸、苏氨酸、苯丙氨酸、色氨酸的含量不存在显著性差异（$P > 0.05$），而其他4种存在显著性差异（$P < 0.05$）。8种人体必需氨基酸中，俄罗斯鲟雌体龙筋赖氨酸含量最高，且赖氨酸是人乳中第一限制性氨基酸，赖氨酸含量高的食品具有催乳效果，因此鲟鱼龙筋是补充赖氨酸的良好来源。3种鲟鱼龙筋氨基酸组成种类丰富，可以作为稳定蛋白质的来源。

2. 氨基酸营养价值评价

不同鲟鱼龙筋必需氨基酸评分结果见表4-3。

表4-3　鲟鱼龙筋中必需氨基酸含量与FAO/WHO标准模式及与鸡蛋蛋白的比较

必需氨基酸	俄罗斯鲟雄体	俄罗斯鲟雌体	海博瑞鲟	FAO/WHO模式	鸡蛋蛋白模式
亮氨酸	313	406	378	440	540
异亮氨酸	173	212	186	250	340
缬氨酸	207	228	215	310	410
苏氨酸	220	237	223	260	295
苯丙氨酸+酪氨酸	267	140	290	410	580
蛋氨酸+胱氨酸	317	137	133	220	355
赖氨酸	201	285	235	340	440
总计	1 698	1 645	1 660	2 230	2 960

注：单位为mg/g N，表示氨基酸总含量。

3种鲟鱼龙筋必需氨基酸含量均明显低于FAO/WHO标准模式与鸡蛋蛋白模式，但3种鲟鱼龙筋氨基酸组分一致，含量差异不大，说明不同鲟鱼龙筋均可作为稳定蛋白源。

根据FAO/WHO的氨基酸评分标准模式和鸡蛋蛋白模式，我们计算了不同鲟鱼龙筋的必需氨基酸的氨基酸评分（AAS）、化学评分（CS）和必需氨基酸指数（EAAI）。根据AAS和CS的结果，俄罗斯鲟雄体、俄罗斯鲟雌体和海博瑞鲟的第一限制氨基酸分别是赖氨酸、苯丙氨酸+酪氨酸、蛋氨酸+胱氨酸。

根据WHO推荐的成人氨基酸需要量模式，3种鲟鱼龙筋的氨基酸含量均高于推荐标准。3种鲟鱼龙筋的必需氨基酸指数（EAAI）值范围在54.99～93.71，其中俄罗斯鲟雌雄体的龙筋具有更高的EAAI值，与海博瑞鲟龙筋相比差异显著。这说明俄罗斯鲟雌雄体的龙筋氨基酸组成更为均衡，营养价值更高。

（三）鲟鱼龙筋中脂肪酸组成分析

对3种鲟鱼龙筋脂肪酸组分进行测定，其含量如表4-4所示。

表4-4　鲟鱼龙筋脂肪酸组成分析（mg/g）

脂肪酸	俄罗斯鲟雄体	俄罗斯鲟雌体	海博瑞鲟
C16:0	1.65 ± 0.14^{c}	1.03 ± 0.04^{b}	0.34 ± 0.04^{a}
C18:0	—	0.52 ± 0.13	
C18:1n-9	2.34 ± 0.17^{c}	1.08 ± 0.05^{b}	0.44 ± 0.02^{a}
C18:2n-6	0.56 ± 0.02	—	—
C22:6n-3	0.54 ± 0.02	—	0.67 ± 0.06
EPA+DHA	0.54 ± 0.02	—	0.67 ± 0.06
$\sum$ SFA	1.65	1.55	0.34
$\sum$ MUFA	2.34	1.08	0.44
$\sum$ PUFA	1.1		0.67

注：表中同一行中数据标注不同小写字母表示数据间存在统计学差异（$P < 0.05$）。—表示未检出。

俄罗斯鲟雌体和海博瑞鲟龙筋检测出3种脂肪酸，俄罗斯鲟雄体龙筋检测出4种。总体看来，检出脂肪酸含量较低，包括2种饱和脂肪酸、1种单不饱和脂肪酸和2种多不饱和脂肪酸。其中棕榈酸（C16:0）与油酸（C18:1n-9）

在3种鲟鱼龙筋中均检测出，且其含量存在显著性差异（$P < 0.05$）。海博瑞鲟龙筋中不饱和脂肪酸占总脂肪酸的76.55%，且不饱和脂肪酸组成主要为多不饱和脂肪酸；俄罗斯鲟雄体龙筋中的不饱和脂肪酸占总脂肪酸的67.58%，但主要为单不饱和脂肪酸；而俄罗斯鲟雌体龙筋中的不饱和脂肪酸占总脂肪酸的41.06%。

总体来看，3种鲟鱼龙筋都含有单不饱和脂肪酸，且俄罗斯鲟雄体龙筋中含量最多，有研究称单不饱和脂肪酸有降血脂功效，在生物能源及化妆品等领域应用较多；同时，油酸是某些性激素的前体物质，有着重要的生理作用。3种鲟鱼龙筋中只有俄罗斯鲟雌体龙筋中不含多不饱和脂肪酸，俄罗斯鲟雄体龙筋中多不饱和脂肪酸种类最多。有研究表明，二十碳五烯酸、二十二碳六烯酸等不饱和脂肪酸能降低人体血液胆固醇的水平，具有降血脂、抗氧化、消炎等作用。

（四）鲟鱼龙筋中矿物质元素组成分析

经分析发现，3种鲟鱼龙筋中的常量元素K、Ca、P含量较高，其次是Mg、Na。这3种鲟鱼龙筋的常量元素含量存在显著差异（$P < 0.05$）。与张凡伟研究的刺参和赵玲研究的10种海参常量元素进行比较，结果一致，鲟鱼龙筋的K、P含量明显高于刺参，而Ca、Mg、Na的含量接近于刺参。这表明在矿物质元素方面，鲟鱼龙筋优于海参，矿物元素的营养更加丰富。在微量元素中，Zn的含量最高，特别是俄罗斯鲟雄体的龙筋，显著高于其他两种鲟鱼龙筋（$P < 0.05$）。Zn具有免疫调节功能，缺乏Zn会导致多种疾病，并且Zn能促进儿童的智力发育。Se和Cu的含量次之，只有俄罗斯鲟雄体的龙筋含有少量的Cr。根据《无公害食品　水产品中有毒有害物质限量》（NY 5073—2006）的规定，水产品中镉和铜的限量分别为≤0.1mg/kg和≤50mg/kg，而鲟鱼龙筋的检测结果均低于限量。甲基汞和铅的含量未被检测出。因此，从矿物元素分析来看，鲟鱼龙筋属于一类矿物质含量丰富且重金属含量较低的安全、健康、营养的食材。

二、3种养殖鲟鱼卵的营养成分

鲟鱼卵具有很高的营养价值，可应用于制药和保健。有研究对养殖施氏鲟、西伯利亚鲟和小体鲟卵中常规营养成分、氨基酸和脂肪酸的组成和含量进行了测定。

（一）常规营养成分

如表4-5所示，3种鲟鱼卵内营养成分的含量不同。其中，小体鲟卵粗蛋白和粗脂肪含量显著低于西伯利亚鲟和施氏鲟（$P < 0.05$）；西伯利亚鲟卵粗蛋白和粗脂肪含量高于施氏鲟，差异不显著（$P > 0.05$）；小体鲟卵内水分含量显著高于西伯利亚鲟和施氏鲟（$P > 0.05$）。小体鲟卵内常规营养成分的含量与西伯利亚鲟和施氏鲟差异较大。

表4-5　雌鱼体重、卵湿重和常规营养成分

组分	施氏鲟	西伯利亚鲟	小体鲟
卵湿重（mg/粒）	18.6 ± 0.3^a	16.1 ± 0.3^b	9.30 ± 0.2^c
水分（%）	59.7 ± 1.0^b	56.4 ± 2.1^c	65.5 ± 0.9^a
粗蛋白（%）	20.7 ± 0.6^b	22.6 ± 1.2^a	18.4 ± 1.0^c
粗脂肪（%）	16.4 ± 0.5^b	17.9 ± 0.4^a	12.4 ± 0.9^c
灰分（%）	2.25 ± 0.59^b	2.11 ± 0.11^c	2.68 ± 0.13^a

注：同行中标有不同小写字母者表示组间差异显著（$P < 0.05$）。

（二）氨基酸组成及含量

经分析发现，三种鲟鱼卵内含有18种氨基酸，其中必需氨基酸占氨基酸总量的比例均高于49%。根据FAO/WHO提出的理想蛋白质氨基酸组成标准（必需氨基酸含量在40%左右），可以得出结论，这三种鲟鱼卵都是高品质的蛋白质来源。在三种鲟鱼卵之间的比较中，施氏鲟的必需氨基酸含量显著高于西伯利亚鲟和小体鲟（$P < 0.05$），而非必需氨基酸的含量显著低于西伯利亚鲟和小体鲟。此外，三种鲟鱼卵中的必需氨基酸中，色氨酸的含量差异显著（$P < 0.05$）。而在必需氨基酸中，亮氨酸的含量最高，非必需氨基酸中，谷氨酸的含量最高。综上所述，三种鲟鱼卵都是高品质蛋白质的来源，其中施氏鲟的卵具有更高的必需氨基酸含量，而非必需氨基酸的含量相对较低。在必需氨基酸中，色氨酸的含量差异显著。同时，亮氨酸是三种鲟鱼卵中必需氨基酸的主要成分，而谷氨酸是非必需氨基酸中的主要成分。

（三）脂肪酸组成及含量

经分析发现，三种鲟鱼卵内均含有20种脂肪酸。这些脂肪酸的组成比例因亲鱼种类的不同而异。除了6种脂肪酸（C15:0、C16:0、C16:1n-7、C16:1n-9、C18:1n-7、C20:4n-6）的含量没有显著差异（$P > 0.05$），其他脂肪酸和n-3/n-6比例均存在显著差异（$P < 0.05$）。三种鲟鱼卵内脂肪酸的构成模式相似。在饱和脂肪酸（SFA）中，C16:0的含量在三种鲟鱼卵中均最高。小体鲟的SFA含量显著低于施氏鲟和西伯利亚鲟（$P < 0.05$）。在单不饱和脂肪酸（MUFA）中，C18:1n-9的含量在三种鲟鱼卵中均最高。施氏鲟的MUFA含量显著高于西伯利亚鲟和小体鲟（$P < 0.05$）。在多不饱和脂肪酸（PUFA）中，C22:6n-3的含量在三种鲟鱼卵中均最高。小体鲟的PUFA含量显著高于西伯利亚鲟（$P < 0.05$），而西伯利亚鲟的PUFA含量又显著高于施氏鲟（$P < 0.05$）。综上所述，三种鲟鱼卵内的脂肪酸组成存在差异。在饱和脂肪酸中，C16:0含量最高；在单不饱和脂肪酸中，C18:1n-9含量最高；在多不饱和脂肪酸中，C22:6n-3含量最高。此外，小体鲟的SFA含量较低，施氏鲟的MUFA含量较高，而小体鲟的PUFA含量较高。

表4-6　3种鲟鱼卵的脂肪酸组成及含量

脂肪酸	占总脂肪酸比例（%）		
	施氏鲟	西伯利亚鲟	小体鲟
C14:0	1.37 ± 0.09^{ab}	1.26 ± 0.04^{a}	1.38 ± 0.01^{b}
C15:0	0.35 ± 0.03	0.35 ± 0.02	0.35 ± 0.01
C16:0	19.70 ± 0.32	19.56 ± 0.25	19.18 ± 0.19
C17:0	0.37 ± 0.02^{b}	0.39 ± 0.02^{b}	0.33 ± 0.01^{a}
C18:0	2.55 ± 0.02^{b}	2.82 ± 0.05^{c}	2.40 ± 0.02^{a}
C20:0	0.68 ± 0.02^{b}	0.58 ± 0.03^{a}	0.64 ± 0.03^{b}
ΣSFA	25.05 ± 0.37^{b}	24.99 ± 0.16^{b}	24.02 ± 0.15^{a}
FC16:1n-7	0.60 ± 0.06	0.60 ± 0.03	0.64 ± 0.01
C16:1n-9	0.84 ± 0.12	0.70 ± 0.3	1.03 ± 0.2
C16:1n-7	3.81 ± 0.2^{a}	4.61 ± 0.18^{b}	4.42 ± 0.3^{b}
C18:1n-9	32.37 ± 0.63^{b}	28.56 ± 0.45^{a}	28.66 ± 0.22^{a}

脂肪酸	占总脂肪酸比例（%）		
	施氏鲟	西伯利亚鲟	小体鲟
C18:1n-7	3.42 ± 0.07	3.51 ± 0.11	3.35 ± 0.06
C20:1n-9	1.38 ± 0.15^b	1.17 ± 0.03^a	1.24 ± 0.06^{ab}
Σ MUFA	42.44 ± 0.77^b	39.18 ± 0.44^a	39.41 ± 0.25^a
C18:2n-6	10.95 ± 0.18^a	11.19 ± 0.04^a	13.29 ± 0.08^b
C18:3n-6	0.71 ± 0.01^a	0.89 ± 0.03^b	1.36 ± 0.02^c
C18:3n-3	1.07 ± 0.03^a	1.15 ± 0.03^b	1.13 ± 0.01^b
C20:2n-6	0.54 ± 0.04^b	0.44 ± 0.05^a	0.63 ± 0.02^c
C20:3n-6	0.61 ± 0.01^b	0.28 ± 0.01^a	0.91 ± 0.01^c
C20:4n-6	1.85 ± 0.5	1.69 ± 0.3	1.76 ± 0.04
C20:5n-3	3.64 ± 0.09^a	5.01 ± 0.09^c	3.88 ± 0.08^b
C22:6n-3	13.09 ± 0.26^a	15.13 ± 0.08^b	13.25 ± 0.08^a
Σ PUFA	32.49 ± 0.03^a	35.82 ± 0.26^b	36.25 ± 0.22^c
Σ n-3 PUFA	17.84 ± 0.38^a	21.19 ± 0.1^c	18.28 ± 0.14^b
Σ n-6 PUFA	14.66 ± 0.37^b	14.51 ± 0.24^a	17.97 ± 0.5^c
n-3/n-6	1.27 ± 0.06^b	1.52 ± 0.02^c	1.06 ± 0.05^a

第三节　大型杂交鲟不同部位肌肉品质特征

一、大型杂交鲟不同部位营养成分

大型杂交鲟不同部位的基本营养成分如表4-7所示，杂交鲟不同部位肌肉的水分、蛋白质和脂肪含量存在差异。杂交鲟含有76.41%～78.90%的水分、15.31%～16.37%的蛋白质、3.31%～6.70%的脂肪和1.02%～1.07%的灰分。其中，背中部蛋白质含量最高，腹下部的蛋白质含量最低；背下部脂肪含量最高，背上部和腹上部的脂肪含量最低；而不同部位肌肉的灰分含量无显著性差异。杂交鲟水分、蛋白质、脂肪和灰分的平均含量分别为77.87%、15.88%、4.71%和1.04%，蛋白质含量高于目前报道的俄罗斯鲟和美洲鲟，脂肪含量相当。根据Ackman标准，杂交鲟属于中等脂肪鱼，鱼体中脂肪的含量将直接影响其风味和营养价值，通常含脂肪量多的鱼肉会给人细腻、肥腴的感觉。

表4-7　杂交鲟不同部位肌肉的基本营养成分比较（湿重，%）

部位	水分	蛋白质	粗脂肪	灰分
背上部	78.77 ± 0.36^e	16.28 ± 0.18^c	3.31 ± 0.10^a	1.02 ± 0.04^a
背中部	77.69 ± 0.10^{bc}	16.37 ± 0.22^c	4.46 ± 0.25^b	1.03 ± 0.03^a
背下部	76.41 ± 0.08^a	15.39 ± 0.10^a	6.70 ± 0.18^e	1.05 ± 0.01^a
腹上部	78.90 ± 0.26^e	16.19 ± 0.18^c	3.31 ± 0.13^a	1.07 ± 0.01^a
腹中部	78.36 ± 0.37^{de}	15.75 ± 0.14^b	4.26 ± 0.23^b	1.04 ± 0.01^a
腹下部	77.86 ± 0.10^{cd}	15.31 ± 0.17^a	5.36 ± 0.11^c	1.05 ± 0.01^a
前尾部	77.25 ± 0.29^b	15.40 ± 0.12^a	5.89 ± 0.11^d	1.05 ± 0.02^a
后尾部	78.19 ± 0.30^{cd}	16.10 ± 0.10^c	4.17 ± 0.24^b	1.05 ± 0.00^a

注：每列中不同的字母表示各组之间存在显著性差异（$P < 0.05$）。

随着杂交鲟年龄的增长，其身体脂肪含量逐渐增加。这些脂肪主要分布在皮下和脊椎周围区域。背部脂肪含量高于腹部的现象可能是由于这些脂肪在背部积累得更多。这种分布模式可能与杂交鲟的生理特点和生长过程有关。此外，随着年龄增长，杂交鲟的蛋白质含量也逐渐增加。蛋白质是组成生物体的重要成分，对生长和发育至关重要。随着杂交鲟的成长，其蛋白质含量的增加可能与其生理需求和代谢活动有关。

黄攀的研究将鱼体分为躯干部前部（AD）、躯干部中部（BE）、躯干部后部（CF）、前尾部（G）和后尾部（H），并对这些部位的营养成分进行了比较。研究结果表明，蛋白质、脂肪和水分含量在不同部位之间存在显著差异（$P < 0.05$），并且在从头部到尾部的方向上呈现一定的趋势，而灰分含量在各部位之间没有显著差异。从头部到尾部的方向上，脂肪含量先增加后降低，而蛋白质和水分含量则呈相反的趋势。但是，躯干部后部和前尾部肌肉的基本营养成分没有显著差异。在所有部位中，脂肪含量与蛋白质和水分含量呈反比关系。类似的规律也在鳕鱼和鲶鱼的研究中被发现。鱼类的肌纤维平行排列，两端与结缔组织相连，结缔组织固定于骨骼和皮肤上。由于肌纤维的长度在头部到尾部之间变化，不同部位的肌纤维可能存在差异，这可能是导致不同部位化学组成差异的原因。

鲜味氨基酸在鱼肌肉中的含量从头部到尾部呈先降低后增加的趋势。后部和前尾部的鲜味氨基酸含量较低，而前部、中部和后尾部的鲜味氨基酸含量较高。背部和腹部的脂肪酸价值差异不大，而后部和后尾部的脂肪酸价值高于前部、中部和前尾部。在头部到尾部的方向上，多不饱和脂肪酸的含量呈现先增加后降低的趋势，而饱和脂肪酸和单不饱和脂肪酸的含量则呈相反的趋势。后尾部具有最高的DHA和EPA含量，而腹部的DHA和EPA含量高于背部。杂交鲟含有丰富的矿物元素，后尾部具有较高的铁（Fe）和锌（Zn）含量。总体而言，后尾部具有最高的营养价值，腹部的营养价值略高于背部，前尾部的营养价值较低。

二、大型杂交鲟不同部位肌肉品质分析

杂交鲟肌肉的pH为6.38 ~ 6.56，头部至尾部肌肉pH呈现先降低后升高的趋势，亮度逐渐降低，红度逐渐增加。在质构方面，头部至尾部肌肉硬度先降低后增加，且腹部肌肉的硬度高于背部肌肉，但背部肌肉的剪切力较高，腹部与尾部肌肉剪切力无显著性差异，这些质构方面的差异与营养成分和肌纤维特性密切相关。大型杂交鲟不同部位的气味区分度很好，造成不同部位之间气味差异的主要原因是氮氧化合物和醇两类物质。根据感官评分、卫生指标和蛋白消化率结果，大型杂交鲟具有制作生鱼片的可行性，腹中部和腹下部肌肉制作的生鱼片品质较好。

第四节 鲟鱼的食用价值

一、健脑、软化血管

吃鱼对健脑有益，主要是因为鱼肉中富含不饱和脂肪酸。大多数鱼类的不饱和脂肪酸含量在1%～3%，只有少数鱼类的含量超过10%。鲟鱼鱼油和内脏中含有12.5%的DHA和EPA。此外，鲟鱼油还富含大量的叶酸，对软化人体心脑血管、促进大脑发育和预防老年痴呆等具有重要作用。食用不饱和脂肪酸不仅不会导致胆固醇升高，还具有软化血管的功能。鲟鱼中的亚油酸对保持人体皮肤微血管的正常通透性和防止皮肤受到各种射线损害起着重要作用。

鲟鱼油中含有高含量的 n-3 多不饱和脂肪酸（n-3 PUFA），这些脂肪酸可以通过调节脂代谢相关的细胞因子的表达来抑制外源性甘油三酯（TG）和胆固醇（TC）的吸收，同时减少肝脏内源性TC和TG的合成，从而显著降低肝脏中的TC和TG含量。此外，n-3 PUFA还可以调节血脂水平，降低血压，并增强胰岛素的功能和作用，改善胰岛素抵抗，有效预防心血管疾病并降低死亡率。因此，理论上，将富含 n-3 PUFA 的鲟鱼鱼油添加到高脂肪饮食中可以改善高血糖和高血脂患者的胰岛素抵抗情况，同时调节血脂水平。这对于改善血糖和血脂异常具有一定的作用。

二、抗癌、延缓机体衰老

鲟鱼通体为软骨组织，其中脊索和鳍中的软骨含有高达30%的硫酸软骨素。鲟鱼的硫酸软骨素在提高人体免疫力和抑制癌细胞生长方面具有显著功效。最新研究显示，鲟鱼软骨与鲨鱼软骨具有类似的功能，都含有功能活性因子——硫酸软骨素。过去，硫酸软骨素主要从鲨鱼软骨或牛羊鸡鸭等畜禽动物软骨中提取。鲟鱼软骨含量丰富，占鲟鱼体重的26.3%。一些研究者使用稀碱-胰蛋白酶的方法从鲟鱼的软骨中提取硫酸软骨素，提取率达到36.52%，纯度为95%。另外，还有研究者使用施氏鲟的软骨提取硫酸软骨素，硫酸软骨素的含量高达40.45%。硫酸软骨素是一种硫酸化的糖胺聚糖，其在恶性肿瘤组织中的含量、结构和硫酸化位点等与正常组织存在显著差异，在癌症的迁移、侵袭和血管生成过程中发挥着重要的调控作用，因此在癌症的临床研究中具有巨大的潜力。硫酸软骨素以蛋白聚糖的形式作为癌症相关因子的受体、共受体或信号分子参与癌症的调控。在恶性肿瘤中，硫酸软骨素蛋白聚糖往往呈现异常表达，对于癌症的发生和进展起着重要作用。从分子机制的角度来看，硫酸软骨素蛋白聚糖通过影响相关的细胞因子、增强胞外基质的汇集维持以及靶向肿瘤特异的外泌体装载蛋白等方式促进癌细胞的迁移和侵袭。同时，硫酸软骨素也能够调控多种细胞内信号通路，从而影响肿瘤的增殖和侵袭。从临床应用的角度来看，恶性肿瘤具有复杂性和多样性的特点，而硫酸软骨素具有生物活性的多样性和特异参与肿瘤细胞偏好的信号传导等优势。因此，在癌症治疗方面，硫酸软骨素具有良好的前景。精准肿瘤标志物和治疗靶点的发现不仅有助于推动肿瘤发展机制的探索，还有利于癌症的早期防治、诊断和预后评估。然而，由于硫酸软骨素结构和生物功能的多样性，许多与癌症相关的具体作用机制尚未完全清楚。

胶原蛋白是脊椎动物体内含量最丰富的蛋白质，广泛分布于动物骨、肌腱、血管壁、软骨和皮肤等结缔组织中，主要以 I 型和Ⅲ型胶原蛋白为主。提取到的胶原蛋白一般是白色片状物，分子呈细长的棒状，分子质量约为300ku。在中国和东南亚国家，鲟鱼等大型鱼类的鳔一直被作为药品或滋补品供人们食用。鱼鳔作为鱼类加工过程中常见的下脚料，胶原蛋白含量丰富。健康雌性 6 月龄 SD 大鼠口服胶原蛋白水解产物6个月后，大鼠皮肤中胶原纤维含量增加且排列紧密，大鼠真皮厚度相比对照组增加了18.45%，皮肤中胶原纤维密度和羟脯氨酸含量分别提高了22.17%和41.39%，皮肤弹性增加51.54%，Ⅲ / I 型胶原蛋白比例降低了43.44%；皮肤组织形态、胶原纤维密度均有明显改善。经过成纤维细胞（FBs）体外培养实验的研究，我们可以阐明胶原蛋白肽对FBs的调控作用及其分子机制。其中，胶原蛋白肽Hyp-Gly对

FBs的增殖活性具有最强的促进作用，细胞数量超过了对照组的2.09倍。在FBs增殖方面，Hyp-Gly的最适作用剂量为200μmol/L。当使用最大作用剂量的Hyp-Gly培养FBs 24 h后，培养液中Ⅰ型胶原蛋白的含量相比对照组提高了约3.74倍，Ⅰ型胶原蛋白的α1链基因COL1A1mRNA的表达量也增加了2.46倍。在分子机制方面，染料木黄酮（酪氨酸激酶抑制剂）和H7（丝氨酸/苏氨酸激酶抑制剂）均显著降低了FBs COL1A1mRNA的表达量。此外，最大作用剂量的Hyp-Gly处理FBs 30 min和60 min后显著提高了p38的磷酸化水平，表明Hyp-Gly可以通过激活MAPK细胞信号转导通路中的p38蛋白磷酸化来促进FBs的增殖和胶原蛋白的分泌。因此，鲟鱼鳔中的胶原蛋白具有明显的延缓大鼠皮肤自然衰老的作用。这些研究结果揭示了胶原蛋白肽Hyp-Gly对FBs的增殖和胶原蛋白分泌的调控机制，为进一步探索鲟鱼鳔胶原蛋白在抗衰老领域的应用提供了科学依据。

国内外学者对胶原蛋白在延缓皮肤自然衰老方面的功效进行了初步研究。其中一项研究将健康受试者分成两组，一组口服胶原蛋白制品，另一组则以安慰剂替代。6个月后，对两组受试者进行了临床调查。实验组的皮肤状态得到了显著的改善，具体表现为皮肤亮度的提升、色斑的变淡、皱纹的减少以及毛孔的变小等效果。

三、抑制炎症

鲟鱼肌肉是一种高蛋白、低脂肪的原料，蛋白质和脂肪分别占19.92%和3.71%。研究表明，鲟鱼肌肉用蛋白酶酶解后所得到的酶解物具有一定的抑制炎症的功能。采用碱性蛋白酶酶解鲟鱼肌肉，以细胞NO抑制率为指标，在单因素实验基础上进行响应面优化实验，得到最优的酶解条件为：pH 9.0，时间4.92 h，温度55℃，固液比1：20，每克蛋白质加酶量7 674.22U，此时NO抑制率为60.23%。

鱼蛋白酶解产物由于其氨基酸的组成、序列和分子量的不同，具有不同的生物活性。一项研究使用葡聚糖硫酸钠诱导小鼠溃疡性结肠炎，探究了不同剂量的鲟鱼肉碱性蛋白酶酶解产物（＜3ku）对结肠炎的抗炎活性。实验结果显示，所采用的碱性蛋白酶酶解产物能够显著降低疾病活动指数，改善上皮细胞缺损、隐窝结构消失、炎性细胞浸润等病理变化，并降低炎症指标髓过氧化物酶活性以及IL-6、IL-1β和TNF-α的表达水平。鲟鱼肉碱性蛋白酶酶解产物还能够抑制结肠组织中葡聚糖硫酸钠诱导的NF-κB和MAPK通路的活化，从而抑制促炎因子的过量产生，保护肠黏膜结构。此外，鲟鱼肉碱性蛋白酶酶解产物还能够增加肠道菌群的丰富度和多样性，增加有益菌的含量，降低有害菌的含量，从而提高免疫力，降低肠道疾病发生的风险。这些研究结果表明，鲟鱼肉碱性蛋白酶酶解产物具有显著的抗炎活性，并且对结肠炎具有缓解作用。然而，需要进一步的研究来确定最佳剂量和使用方式，并深入了解其作用机制，以促进其在临床和健康领域的应用。

四、其他功能

鲟鱼头、鲟鱼肝富含抗疲劳、增强体力的"角鲨烯"；鲟鱼翅、鲟鱼骨具有明目壮阳、延年益寿的作用；鲟鱼不饱和脂肪酸对于治疗烫伤和烧伤也有较好的疗效；鲟鱼鳃具有清热解毒的特殊功效；鲟鱼子酱富含增强兴奋因子；鲟鱼鳔可入药，胶原蛋白含量约为80%，加水煮沸，则变性水解为明胶，其性味甘、咸、干，滋补强，可治疗白带过多、恶性肿瘤和肾虚遗精；长期食用鲟鱼对于久治未愈腰痛、胃病和脱发等问题，具有一定的缓解作用。

第五章

鲟鱼产品与加工技术

第一节　鲟鱼子酱生产

鲟鱼子酱是将鲟鱼卵经筛选、盐渍后制得的高档水产品，价格昂贵，也是鲟鱼加工产业的主要产品。鲟鱼子酱与鹅肝、松露并称"世界三大珍味"，尤其是鱼子酱，素有"黑色黄金"的美誉。全世界可用于制作鲟鱼子酱的鲟鱼不过20多种，其中以来自里海的野生鲟鱼即Beluga（*Huso huso*）、Asetra（*Acipenser persicus*）和Sevruga（*Acipenser stellatus*）最为出名。

2006年我国首次出口鲟鱼子酱，目前全国已有约20家企业获得鲟鱼子酱生产许可证，其中规模最大的3家企业位于浙江、四川、云南三省。2017年，我国鲟鱼子酱年产量为93.9t，总产值1.74亿元，其中95%出口到国际市场，主要出口贸易国依次为美国、德国、法国、比利时、瑞士、英国、卢森堡、西班牙、荷兰、阿联酋、新加坡、日本等。出口价格为：西伯利亚鲟鱼子酱230～380美元/kg，杂交鲟鱼子酱250～660美元/kg，俄罗斯鲟鱼子酱380～980美元/kg，达氏鳇鱼子酱880～1 400美元/kg，欧洲鳇鱼子酱980～1 600美元/kg。我国鲟鱼子酱生产早期以施氏鲟为主，近年来由于大杂

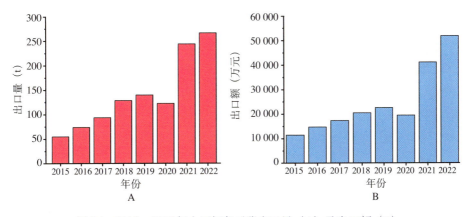

图5-1　2015—2022年中国鲟鱼子酱出口量（A）及出口额（B）

交鲟（鳇×施氏鲟）具有个体和怀卵量大、鱼子酱品质好与价格高等优点，且国内有大量大杂交鲟达成熟年龄，大杂交鲟已取代施氏鲟成为我国鲟鱼子酱生产的主要种类。2021年中国鱼子酱市场规模达到14.8亿元，全球鱼子酱市场规模达到31.28亿元。2022年全国鲟鱼子酱出口量达266.42t，出口额近5.2亿元（图5-1）。

一、鲟鱼子酱的加工工艺

世界鲟鱼子酱在20世纪60—80年代最高年产量达3 000 ~ 6 000t，而现在不到300t，仅为最高年产量的5% ~ 10%。鱼子酱为上等佳肴，在法国高档餐厅里吃鱼子酱必须用以黄金、象牙、贝壳特制的小匙。鲟鱼的种类，鱼卵的大小、成熟度、质量及腌制工艺是影响鱼子酱质量的关键因素，鱼子酱的盐量一般控制在1.5% ~ 5%，腌制熟化过程要求在−2 ~ 2℃条件下低温密封。

（一）加工流程

鲟鱼子酱加工工艺流程包括12个工序，加工工艺流程如下所示：

1 原料鱼检查 → 2 致昏 → 3 放血 → 4 清洗 → 5 取卵 → 6 搓卵 → 7 除杂 → 8 拌盐 → 9 装罐 → 10 熟化 → 11 包装、标识 → 12 储存

（二）加工操作

1. 原料鱼检查

①健康、无污染的养殖鲟科雌性活鱼作为原料鱼，要求鱼卵成熟度达Ⅳ期，卵粒容易剥离。

②生产前逐条检查原料鱼的鱼卵成熟度和卵径大小，卵径宜大于2.5 mm。

2. 致昏

①将10℃以下预冷超过6 h的鲟鱼放入冰水中，时长为10 ~ 15 min。鱼

体无明显应激反应时，转移到操作台上，采用外力击打鱼头部使鱼昏迷。

②只准许昏迷的鱼体进入放血程序。

迅速用链钩套住鱼尾，将鱼体倒挂，用利刃割断鳃弓动脉，也可同时割断背鳍部分的背主动脉，放血时间宜控制在60 min以内。

①放血后鱼体用喷淋水冲洗，去除刀口处的血污，而后转移到取卵台，腹部朝上，用硬毛刷洗刷鱼体上的黏液，边刷边用水冲洗，清洗过程中水温宜控制在15℃以下。

②只准许体表无黏腻感的鱼进入取卵程序。

取卵按下列步骤操作：

①用无菌利刃自肛门插入，刀刃向上，不能损伤内脏器官。

②将腹部的肌肉向两侧翻开，另换刀具将鱼卵从鱼体剥落。

③取盆底铺放碎冰、上覆塑料薄膜的不锈钢盆，将卵巢置于薄膜上。

④卵巢盆通过无菌操作窗口转移到鱼卵加工操作间。

①将孔径为5 mm的网筛放在不锈钢盆上，卵巢置于网筛上，轻轻揉搓卵巢。

②只准许卵块分离成卵粒后进行除杂。

人工挑除卵粒中夹杂的血块等杂质，可向卵粒盆中加入0～4℃的无菌水，轻轻搅动，待卵粒下沉后，及时倾倒弃去上层污水，漂洗2～3次，沥水。

将卵粒放进腌制容器，称重，将食用盐均匀撒在鱼卵上面（根据需求确定加盐量，范围宜控制在1.5%～5%），同向搅拌均匀，沥水。

 9. 装罐

将鱼卵装入包装容器内、加盐，装卵量宜超过净重的0.5%，轻压盖顶，及时清理溢出的水渍。

 10. 熟化

①装罐后的鲟鱼子酱放置在熟化间，温度宜控制在−2～2℃。

②熟化时间1周，其间每天宜翻罐1次。

 11. 包装、标识

①应符合《水产品包装、标识通则》（SC/T 3035—2018）的要求。

②预包装产品净含量应符合《定量包装商品净含量计量检验规则》（JJF 1070—2023）的要求。

③所用包装材料应洁净、无毒、无异味，并符合食品安全相关标准的要求。

④标志、标签应标注原料鱼品种。

⑤营养标签应符合《食品安全国家标准　预包装食品营养标签通则》（GB 28050—2011）的要求。

⑥实施可追溯的产品应有可追溯标识。

 12. 储存

①产品储存期间实时监测温度，温度宜保持在−2～2℃。

②储存期间1个月内每周宜翻罐1次。

③不同批次、品种的产品应分别堆垛，排列整齐，各品种、批次、规格应挂标识牌。

二、鲟鱼子酱在储藏过程中的变化及保鲜

（一）利用添加剂进行保鲜

鲟鱼子酱中含量最多的氨基酸是呈鲜味特征的谷氨酸和天冬氨酸。山梨

酸钾和硼酸的添加使氨基酸的总量都有不同程度的降低，且在贮藏前期山梨酸钾的影响效果强于硼酸，而在贮藏后期硼酸的影响效果强于山梨酸钾。在0℃冷藏条件下，随着贮藏时间的延长，鱼子酱的TVB-N和TBA逐渐升高。从TVB-N的监测结果可知（图5-2），山梨酸钾和硼酸的添加对鲟鱼子酱的蛋白质水解具有一定的抑制作用，且硼酸的作用更为明显。未添加防腐剂的鲟鱼子酱能在0℃温度储藏下保持4个月无明显异味产生，山梨酸钾和硼酸的添加能延长鲟鱼子酱货架期至少3个月，其中硼酸对脂肪氧化的抑制作用优于山梨酸钾。鲟鱼子酱的挥发性物质主要为醛类、酮类、醇类、酸类、酯类和烃类，其中具有风味特征的物质主要是醛类，对鲟鱼子酱的风味贡献最大。硼酸的添加抑制了脂肪氧化，减少了醛类物质的产生，减弱了由醛类物质产生的脂肪氧化味和鱼腥味。硼酸的添加能明显延缓鲟鱼子酱中菌类的生长，延长鲟鱼子酱的货架期。

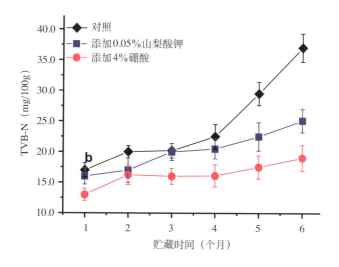

图5-2　使用不同添加剂的鲟鱼子酱在冷藏期间TVB-N的变化

在0℃贮藏、真空包装的条件下，测定鲟鱼子酱中的细菌多样性。发现随着贮藏时间的延长，鲟鱼子酱中的细菌种类呈现先增加后减少的趋势，且在贮藏2个月的时候细菌种类达到最为丰富的状态。未添加防腐剂的鲟鱼子酱在贮藏过程中细菌菌相的变化表明，鲟鱼子酱在整个贮藏期间菌相组成较为单一，优势菌主要为假单胞菌(*Pseudomonas*)、希瓦氏菌(*Shewanella*)、芽孢杆菌

(*Bacillus*)和嗜冷杆菌(*Psychrobacter*)等。这几种菌常被报道为水产品中常见的优势腐败菌。其中芽孢杆菌属被鉴定为蜡样芽孢杆菌(*Bacillus cereus*)，这是食品中的致病菌，同时也是发酵类食品的腐败菌。此外，通过比较分析对照组、山梨酸钾组和硼酸组的测定结果发现，山梨酸钾和硼酸对假单胞菌的抑制作用最不明显，山梨酸钾和硼酸分别对希瓦氏菌和芽孢杆菌具有显著的抑制作用。

鲟鱼子酱发酵期出现的葡萄球菌被检测出有木糖葡萄球菌(*Staphylococcus xylosus*)、腐生葡萄球菌(*S. saprophyticus*)和马胃葡萄球菌(*S. equonum*)，酵母菌被检测出有汉逊德巴利酵母(*Debaryomyces hanseni*)等3种德巴利酵母菌，以及黏质红酵母(*Rhoclotorula mcilaginosa*)、涎沫假丝酵母 (*Canclcida zeylanoides*)、解脂耶氏酵母(*Yarrowia lipolytica*)。其中，木糖葡萄球菌和汉逊德巴利酵母分别为鲟鱼子酱中的优势葡萄球菌和优势酵母菌，这两种优势菌作为发酵食品生产中常用的发酵剂，可考虑在鲟鱼子酱生产加工中辅助添加，以期达到提高鲟鱼子酱品质的作用。

（二）采取有效措施对鲟鱼子酱的肉毒梭菌及其毒素进行控制

在鱼子酱的加工过程中，需要注意肉毒梭菌的生长和产生肉毒梭菌毒素的问题。即使只有几微克的毒素，也足以导致一个健康成年人出现中毒症状，甚至死亡。因此，在鲟鱼子酱的加工过程中，必须采取切实有效的措施来控制肉毒梭菌的生长和肉毒梭菌毒素的形成。

对于需要冷藏的即食水产品，有多种方法可以阻止肉毒梭菌毒素的形成。在加工、贮存和分销过程中，可以采取以下措施：

（1）使用巴氏杀菌法　在产品分装到最终容器中时，通过巴氏杀菌法杀死肉毒梭菌，以确保产品的安全性。然后使用冷藏法控制肉毒梭菌的生长。

（2）控制产品的酸度　通过控制产品的酸度，使其达到pH≤5的酸性环境，从而阻止肉毒梭菌的生长。

（3）控制产品中的水分含量　通过控制产品中的水分含量，使其水分活度≤0.97，从而阻止肉毒梭菌的生长。

（4）控制产品中的盐分　通过控制产品中的盐分，使其水相盐含量≥5%，从而阻止肉毒梭菌的生长。

可以通过上述控制因素的组合来阻止肉毒梭菌的生长。在鱼子酱的加工过程中，常常通过控制产品中的盐分和水分含量来阻止肉毒梭菌的生长。詹士立通过设定不同的食盐添加比例，并分析鱼子酱产品的水相盐、水分活度、pH等指标，研究控制产品中肉毒梭菌生长和肉毒梭菌毒素形成的措施。

1. 不同食用盐添加梯度的产品的水相盐、pH和水分活度指标检测

美国FDA《水产品危害分析和关键控制点（HACCP）指南》（第四版）的权威科学研究，对鱼子酱及类似产品的肉毒梭菌E型、非蛋白分解B型和F型的生长和毒素的形成，建议的控制方法为：增加充足的盐使盐浓度（水相盐）至少为5%；或增加充足的酸使pH不超过5.0；或使水分含量（水分活度）低于0.97（如增加盐或其他物质"束缚"自由水）；或采用盐、pH和/或水分活度组合调节控制。

对食用盐添加量分别为鱼子重量的3.0%、3.3%、3.5%的3个梯度实验产品的水相盐、pH和水分活度等指标进行检测，数据显示：

①当食用盐的添加量为鱼子重量的3.0%时，水相盐有3组数据低于5%，水分活度有2组数据高于0.97，pH全部超过5.0，即当食用盐添加量低于鱼子重量的3.0%时，有肉毒梭菌生长和肉毒梭菌毒素形成的风险。

②当食用盐的添加量为鱼子重量的3.3%时，水相盐有1组数据低于5%，水分活度有2组数据高于0.97，pH全部超过5.0，即当食用盐添加量低于鱼子重量的3.3%时，仍有肉毒梭菌生长和肉毒梭菌毒素形成的风险。

③当食用盐的添加量为鱼子重量的3.5%时，pH全部超过5.0，水相盐均＞5%，水分活度均＜0.97，这表明当食用盐添加量为鱼子重量的3.5%或更高时，可以阻止肉毒梭菌的生长和肉毒梭菌毒素的形成。

2. 毒菌与毒素含量的检测

每个月取食用盐添加量为鱼子重量3.5%的产品，进一步对肉毒梭菌及肉毒梭菌毒素含量进行检测，结果如表5-1所示。

表5-1　肉毒梭菌与肉毒梭菌毒素检测结果

检测项目	样品编号	贮藏1个月	贮藏2个月	贮藏3个月	贮藏4个月	贮藏5个月	贮藏6个月
肉毒梭菌	C1	未检出	未检出	未检出	未检出	未检出	未检出

检测项目	样品编号	贮藏1个月	贮藏2个月	贮藏3个月	贮藏4个月	贮藏5个月	贮藏6个月
肉毒梭菌	C2	未检出	未检出	未检出	未检出	未检出	未检出
	C3	未检出	未检出	未检出	未检出	未检出	未检出
肉毒梭菌毒素	C1	未检出	未检出	未检出	未检出	未检出	未检出
	C2	未检出	未检出	未检出	未检出	未检出	未检出
	C3	未检出	未检出	未检出	未检出	未检出	未检出

由上表的检测结果可知，当食用盐添加量为鱼子重量的3.5%时，在所有的平行样品中均未检出肉毒梭菌及肉毒梭菌毒素。这表明当食用盐的添加量为鱼子重量的3.5%或更高时，可以有效并完全阻止肉毒梭菌的生长和肉毒梭菌毒素的形成。另外，在鱼子酱的加工过程中，控制肉毒梭菌生长和毒素形成的关键点是加盐拌卵工序，上述结论可作为鱼子酱加工过程中肉毒梭菌及肉毒梭菌毒素控制的依据。

三、鲟鱼子酱的食用方法与价值

（一）鲟鱼子酱的食用方法

品质优秀的鱼子酱具有以下特点：外观柔软圆润，新鲜饱满，颜色为黑中略带灰褐色。品尝时，可以感受到淡淡的海洋气息，回味起来香醇甘美，且没有过度的咸度和腥味。鲟鱼子酱通常直接用勺子送入口中，也可以搭配面包或饼干。品尝时，可以将舌底向上颚挤压，感受鱼卵在口中爆裂的感觉，然后通过舌头上的味蕾体验鲟鱼子酱的香滑质感。这种方式能够更好地品味鲟鱼子酱的口感和风味。所用勺子不能为金属，因为娇贵的鱼子酱易与金属发生氧化反应，让鱼子酱带上金属的味道。鱼子酱贮藏过程中要一直保持低温，吃的时候盛放的盘子若能冰镇一下则能更好地保持鱼子酱的口感。配酒不能选太香浓的酒类，如香槟，会掩盖鱼子酱本身的味道，香味清爽酸味偏重的配酒与鱼子酱更相配，其中尤以俄罗斯原产的冰冻到接近0℃的伏特加最为合适。

（二）鲟鱼子酱的食用价值

鲟鱼子酱是一种营养价值丰富的水产品，富含人体必需的各种氨基酸和多不饱和脂肪酸（DHA、EPA）、无机盐、维生素以及铜、铁等微量元素，且胆固醇含量非常低，不仅对人体健康有益，且对皮肤有很好的滋养作用。

有研究表明，几种珍贵野生鲟鱼（匙吻鲟、欧洲鳇、闪光鲟）的鱼子酱中，水分含量为48%～52%，蛋白质含量为24%～28%，脂肪含量为14%～16%，灰分含量为3%～4%。但出于对野生鲟鱼种群资源的保护，可以合法出售和利用的大多为人工繁育的杂交鲟。有研究对较常见的人工养殖的鲟鱼的鱼子酱做了营养品质分析，其中水分、蛋白质、脂肪、灰分含量和野生鲟鱼子酱并未存在较大差异。人工养殖鲟鱼子酱中人体必需氨基酸含量在19.07%～20.04%，半必需氨基酸含量在4.92%～5.10%，非必需氨基酸含量在26.33%～28.41%，呈味氨基酸含量为16.52%～17.60%。养殖鲟鱼子酱中饱和脂肪酸主要为棕榈酸，含量为20%～21%，不饱和脂肪酸以油酸含量最高，为33%～38%，多不饱和脂肪酸中均以二十碳五烯酸（EPA）、二十二碳六烯酸（DHA）、亚油酸为主。

鲟鱼子酱的蛋白质主要是盐溶性蛋白和大量不溶性胶原蛋白，且通过分子量分析其可能为卵类黏蛋白或卵黄高磷蛋白。有学者对鲜鱼子酱进行了氨基酸组成的分析，结果显示：主要氨基酸为谷氨酸、天冬氨酸、赖氨酸和丝氨酸，必需氨基酸和非必需氨基酸比例在0.93～1.23。必需氨基酸在肌肉蛋白合成方面起到很大的作用，动物性蛋白质的氨基酸构成与人体相近，含有40%必需氨基酸的鸡蛋清常被视为理想参考蛋白质，而鲟鱼子酱中必需氨基酸含量高于蛋清，其营养价值显而易见。

四、鲟鱼子酱的产业现状及发展趋势

（一）世界鲟鱼子酱的产业现状

1. 鱼子酱的生产

　　鱼子酱根据来源可以分为两类：野生捕捞的鲟鱼子酱和人工养殖的鲟鱼子酱。目前，世界上主要的鱼子酱生产国，如中国、意大利、法国和德国等，主要采用人工养殖的方式进行生产。而其他一些国家，如哈萨克斯坦和伊朗，则完全依靠野生捕捞，美国主要为捕捞野生匙吻鲟。为了保护全球野生鲟鱼资源，根据《濒危野生动植物种国际贸易公约》（CITES）成员协议，自2001年起，对野生鲟鱼子酱的出口进行了配额限制，特别是针对野生鲟鱼资源分布区域国家的出口配额进行了大幅削减。这导致野生鲟鱼子酱的产量呈下降趋势，而养殖鲟鱼子酱的产量逐年增加。随着养殖技术的不断成熟，鲟鱼子酱的养殖贸易量也稳步增长。据图5-3，2019年鲟鱼子酱的国际贸易量达到了近年来的最高点，为1 703.53t。然而，由于新冠疫情的影响，2019年以后，鲟鱼子酱的国际贸易量出现了下降趋势。

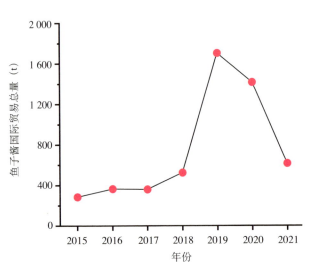

图5-3　鲟鱼子酱国际贸易总量（2015—2021年）

从CITES统计的鲟鱼子酱贸易数据（图5-4）来看，中国已成为全球鱼子酱的最大出口国，出口量占全球的57.49%。数据库的统计结果还表明：*Acipenser baerii*、*Acipenser gueldenstaedtii*、*Acipenser fulvescens*、*Acipenser transmontanus*、*Acipenser baerii* × *Acipenser gueldenstaedtii* 及 *Huso huso* 是贸易数量前六名的种类。

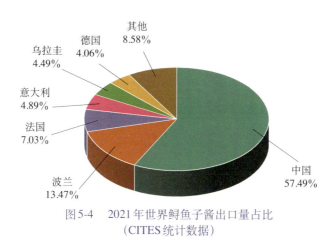

图5-4　2021年世界鲟鱼子酱出口量占比
（CITES统计数据）

用于生产鱼子酱的鲟鱼主要为4类：鲟属、鳇属、匙吻鲟属及杂交鲟，其中鲟属13种、鳇属2种、匙吻鲟属1种、杂交鲟5种。从2009—2013年鱼子酱产量来看，西伯利亚鲟为产量最大的种类，占总产量的36.24%，其次为高首鲟（19.01%）和俄罗斯鲟（13.45%），近5年产量排名前十的还有施氏鲟（9.30%）、匙吻鲟（7.71%）、鳇×施氏鲟（6.46%）、欧洲鳇（1.98%）、鳇（1.33%）、俄罗斯鲟×西伯利亚鲟（0.99%）和西伯利亚鲟×纳氏鲟（0.82%）。

2.　鱼子酱的消费市场

鱼子酱作为国际市场的高档消费品，主要消费市场集中在欧洲、美国、日本等经济发达国家和地区。根据CITES的商业统计数据，世界前十大鱼子酱消费国和地区主要分布在欧洲和亚洲，2015—2021年的消费量占鱼子酱总产量的61.09%。美国是全球最大的鱼子酱消费国，其次是德国，德国在过去七年的鱼子酱进口量达到181.97t，2021年进口量为43.42t。法国和新西兰紧随其后，2021年分别进口了28.4t和20.3t的鱼子酱。亚洲作为新兴的鱼子酱消费市场，随着地区经济的发展，鱼子酱的消费量也逐年增长。主要的消费国包括日本、新加坡以及中国。2021年，日本进口了18.86t的鱼子酱，新加坡进口了5.85t。自2012年以来，鱼子酱的批发价格下跌超过50%，仅在2022年一年内就下跌了13%。根据联合国粮农组织（FAO）的数据，该产品的进口价格已从2012年1月的每吨85万美元降至2022年11月的35万美元。FAO的贸易统计数据显示，近十年来，鲟鱼子酱的价格整体呈上升趋势，但在高位区间内波动幅度较小。然而，如果鱼子酱的价格持续上升，可能会导致人为过度捕捞和非法交易的增加，给鲟鱼野生资源的保护和管理带来不利影响。主要进口地区的价格差异表明，鱼子酱贸易尚未形成稳定的国际价格，需要更完善的价格制定系统和监督机制。

（二）中国鲟鱼子酱的产业现状

由于野生鱼子酱资源的减少和国外市场供需不平衡的情况，中国的鲟鱼养殖产量迅速增长，鱼子酱等高附加值的鲟鱼产品深加工产业在国内得到了快速发展。2006年，中国首次向国外出口人工养殖的鲟鱼子酱（0.7t），随后鱼子酱的产量逐年增加。中国出口的鱼子酱种类近10种，其中包括中国原产的施氏鲟、鳇，以及杂交种鳇×施氏鲟、施氏鲟×鳇，还包括从国外引进的种类，如西伯利亚鲟、俄罗斯鲟、欧洲鳇，以及一些杂交种，如西伯利亚鲟×俄罗斯鲟等。目前，中国用于鱼子酱生产的主要种类有鳇×施氏鲟、施氏鲟、鳇、俄罗斯鲟和西伯利亚鲟这五种。由于不同鲟鱼的个体大小、产卵量、性成熟年龄和养殖规模等因素的差异，中国早期的鲟鱼子酱生产主要以中国原产的施氏鲟为主，但近年来，鳇×施氏鲟已经取代施氏鲟成为中国鲟鱼子酱生产的主要种类。

传统的鱼子酱的主要原料是捕捞自里海、黑海、咸海和亚速海等水域的野生鲟鱼卵。然而，自20世纪80年代以来，野生鲟鱼资源受到过度捕捞和生态环境破坏等因素的影响，产量急剧减少。因此，1997年，CITES将全球所有现存的鲟鱼列入保护公约附录。从2001年开始，对里海、西北黑海和多瑙河下游等鲟鱼资源分布区域国家的野生鱼子酱出口实施配额限制，严格控制野生鱼子酱的进出口贸易。随着国际市场对鱼子酱需求的增加和野生鲟鱼子酱的减少，养殖业得到快速发展。中国对鲟鱼的研究始于20世纪50年代。根据《中国渔业统计年鉴》的数据，2003年中国鲟鱼养殖产量仅为1.1万t，而到2016年，鲟鱼养殖产量已达到7.9万t，占全球鲟鱼养殖总产量的74.8%。然而，作为鲟鱼产品中附加值最高的部分，鲟鱼子酱的出口量仅为74t，仅占全球鲟鱼子酱出口总量的4.5%。随着市场需求的扩大和相关企业的不断发展，中国的鲟鱼相关产业得到了迅速发展。到2022年，中国的鲟鱼产量达到12.19t，且成为全球最大的鱼子酱出口国。总的来说，中国在鲟鱼子酱的生产和加工方面起步较晚，但具有巨大的潜力和广阔的前景。因此，对当前鲟鱼子酱国际贸易现状进行分析，正确认识中国鲟鱼子酱在国际市场的出口竞争力，对指导中国鲟鱼子酱的生产加工业健康发展、促进鲟鱼产业结构优化和实现鲟鱼产业升级具有重要意义。

1. 中国鲟鱼子酱出口概况

鲟鱼子酱价格高昂，中国境内消费极少，基本上都出口到欧美等国家和地区。2013年以来，中国鲟鱼子酱出口量和出口额一直呈现持续增长态势，近5年，鲟鱼子酱出口量平均增长率28.3%，出口额平均增长率30%，呈增量缩价的局面，2021年中国鱼子酱市场规模达到14.8亿元，2021年全球鱼子酱市场规模达到31.28亿元。2022年全国鲟鱼子酱出口量达266.42t，出口额近5.2亿元。

（1）出口地区结构　根据中国海关进出口统计数据，浙江省、四川省、云南省、湖北省和福建省是中国鲟鱼子酱出口的主要省份，2022年以上各省鲟鱼子酱出口量分别占全国出口总量的71.3%、15.0%、7.8%、4.7%和0.3%。浙江省一直是中国鲟鱼子酱出口量最大的省份，出口量占全国出口总量的一半以上，近5年出口量一直呈增长趋势（表5-2），四川省从2019年开始出口量增长显著，2021年出口量增长将近一倍，出口额同样呈现逐年递增的趋势（表5-3）。

表5-2　2018—2022年中国鲟鱼子酱出口省份出口量

（数据来源：中国海关进出口贸易统计）

省份	出口量（kg）				
	2018年	2019年	2020年	2021年	2022年
浙江	79 354	96 293	83 989	172 106	189 855
四川	15 177	18 535	24 198	47 749	39 992
云南	10 945	14 704	10 918	18 211	20 981

省份	出口量（kg）				
	2018年	2019年	2020年	2021年	2022年
湖北	10 571	9 602	3 190	5 270	12 543
福建	24	0	312	400	1 056

表5-3　2018—2022年中国鲟鱼子酱出口省份出口额

（数据来源：中国海关进出口贸易统计）

省份	出口额（万元）				
	2018年	2019年	2020年	2021年	2022年
浙江	13 149	15 964	13 713	30 191	38 112
四川	2 058	2 497	3 224	6 486	6 939
云南	1 919	2 760	2 073	3 564	4 319
湖北	1 461	1 283	443	746	1 911
福建	9	0	78	136	252

（2）出口市场结构　根据中国海关进出口统计数据，中国鲟鱼子酱出口市场主要是欧美等国家和地区，主要向美国、德国、法国、比利时和俄罗斯等国家出口。美国是中国鲟鱼子酱出口第一大国，近5年从中国进口的鲟鱼子酱一直呈增长趋势，同样进口量呈增长趋势的德国是中国鲟鱼子酱出口第二位国家（表5-4）。如表5-5所示，中国鲟鱼子酱出口美国的出口额呈现逐年上升的趋势，2022年为1.59亿元。

表5-4　2018—2022年中国鲟鱼子酱出口目标国出口量

（数据来源：中国海关进出口贸易统计）

国家	出口量（kg）				
	2018年	2019年	2020年	2021年	2022年
美国	38 487	40 244	44 176	82 274	82 827
德国	25 447	32 484	25 027	41 831	49 590

国家	出口量（kg）				
	2018年	2019年	2020年	2021年	2022年
法国	13 388	18 535	10 936	33 478	31 296
比利时	6 871	10 268	7 216	16 097	22 214
俄罗斯	15 029	2 337	6 405	16 214	18 165

表5-5   2018—2022年中国鲟鱼子酱出口目标国出口额

（数据来源：中国海关进出口贸易统计）

国家	出口额（万元）				
	2018年	2019年	2020年	2021年	2022年
美国	5 841	6 285	6 214	12 764	15 853
德国	3 465	3 967	3 757	6 420	8 489
法国	2 585	3 660	2 236	6 917	6 970
比利时	961	1 517	1 163	2 782	4 217
俄罗斯	2 248	370	859	2 168	2 756

（3）出口价格变化   鲟鱼子酱价格主要取决于全球尤其是欧美市场的需求和供给形势，在高回报的吸引之下，全球人工养殖鲟鱼子酱供应量逐年上升，因此鲟鱼子酱产品的市场价格呈现下行的趋势。2015年以来中国鲟鱼子酱出口价格一直呈下降趋势，2018年出口价格1 593.82元/kg，比2015年下降了31.1%（图5-5）。受新冠疫情影响和消费市场变化，近两年鱼子酱出口价格逐步回升，2022年出口价格为1 948.60元/kg，比2020年上涨了22.3%。

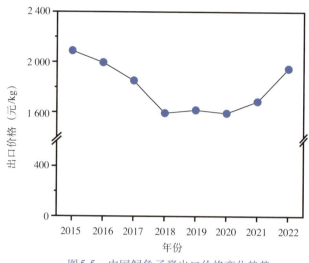

图5-5　中国鲟鱼子酱出口价格变化趋势

2. 当前中国鲟鱼子酱生产存在的主要问题

尽管中国是世界鲟鱼养殖大国，但绝大部分的鲟鱼产品仍以鲟鱼肉作为主要的上市消费产品形式，鲟鱼经历1～2年的养殖达到商品规格后进入市场售卖交易。只有极少数鲟鱼养殖企业从事鱼子酱业务，其中主要的原因在于：

（1）**要涉足鲟鱼子酱业务，必须要有雄厚的运转资金**　因为鲟鱼达到取卵规格必须经过至少7年养殖周期，有些种类甚至需要10年以上，在此期间养殖成本不断提高，尤其饲料成本巨大，对资金实力要求比较高，不是所有投资者能够承受。

（2）**养殖风险大，对企业的风险承受能力要求较高**　以获取鱼子酱为用途的鲟鱼养殖周期长，其间自然灾害、病害、资金链等各种风险叠加，极有可能导致最终血本无归，因此没有一定抗风险能力的企业一般不愿轻易涉足。

（3）**对技术水平要求高**　鲟鱼子酱的生产和加工是高科技、高附加值的产品生产过程，操作难度较高，需要一定的技术支持和积累，养殖经验和加工技术水平决定着鲟鱼子酱的规格、品质，也决定了产品价格，入行门槛高也是养殖者不愿从事鲟鱼子酱生产的主要原因。

3. 中国鲟鱼子酱出口展望与建议

作为高档消费产品，中国鱼子酱出口市场以欧美为主，产品的市场需求和价格不可避免会受到国际形势影响，随着经济周期变化而波动，但是既有消费群体对于传统消费方式的坚持和消费行为不会轻易改变，同时还有新兴消费群体的加入，预计未来对鲟鱼子酱消费需求会不断增加。

对于中国鲟鱼子酱生产企业而言，在产业链下游鱼子酱加工环节高利润的驱动之下，预计会有更多的鲟鱼养殖企业尝试进入鱼子酱生产环节。从长期来看，鲟鱼子酱生产的竞争将逐渐加剧。中国作为鲟鱼养殖大国，从养殖种类到养殖保有量均具有别国无法比拟的优势，在国际市场具有重要地位，今后为保障中国在鲟鱼子酱国际贸易中仍继续保持强劲竞争力，提出以下建议。

（1）加快转型升级水产品加工出口基地建设　出口基地是培育信息、营销、品牌、质量、技术、标准、服务等出口竞争新优势的重要载体，是促进外贸发展方式转变和优化出口商品结构的重要手段，升级水产品加工出口基地建设能够推进包括鲟鱼子酱在内的水产品加工业聚集发展，提高水产品精深加工和综合利用水平，延伸产业链条，提升辐射带动和转化增值能力。应积极为水产加工企业搭建外贸平台，开辟国外市场，提高鲟鱼子酱产品附加值。

（2）加强品牌建设　品牌是产品的生命力，没有强势品牌支撑，就不会有产品的长久生命力和竞争力。当前中国鲟鱼子酱贸易形式全部是一般出口贸易，出口原料均来自国内，出口企业更要加强自身品牌建设，在国际市场中拥有高信誉、高质量，才能在国际竞争中提高市场占有率和经济效益，提升品牌溢价能力。

（3）开拓多元化出口市场　出口市场过分集中会加大贸易壁垒的风险，如2018年开始的中美贸易摩擦，对出口市场相对集中于美国的罗非鱼产生了巨大的负面影响，给广东、海南等主产区的罗非鱼养殖、加工出口企业，涉及的就业岗位都带来不利影响，因此企业应发展多个出口目标市场，并根据出口目标国消费者提供多种类优质鲟鱼子酱产品，逐步实现市场多元化格局，防范出口市场过于集中的风险。

（三）鲟鱼子酱产业的发展趋势

人工养殖鲟鱼子酱一般具有品质高、质量稳定、可持续供应等优良特性。野生鲟鱼资源的枯竭，给人工养殖鲟鱼子酱的市场开发带来了发展机遇。经过近十几年来鲟鱼养殖经验的总结和繁殖技术的探索，人工养殖鲟鱼子酱的产量迅速上升。鲟鱼子酱的最高历史产量曾达到 2 000t。然而，由于人工养殖鲟鱼子酱的生产周期一般需要 7 年以上，养殖鲟鱼子酱产量增长的速度远远不能弥补野生鲟鱼资源枯竭所带来的市场空缺。在未来的数十年内，人工养殖的鲟鱼子酱仍将长期处于供不应求的状态。

在中国，鲟鱼子酱的开发利用属于高科技、高附加值的现代农业领域。近年来，相关政府部门将鲟鱼养殖和产品深加工列为优先支持的品种和重点发展领域。随着中国鲟鱼养殖业的快速发展，需要进一步完善管理制度和采取措施，促进鲟鱼养殖和鱼子酱加工技术的发展。同时，也需要注意鲟鱼养殖业的可持续发展，并有效实施生物多样性保护工作。因此，及时更新与鲟鱼相关的信息，积极探索和展示鲟鱼产业研究与开发的前景非常重要。这将有助于推动鲟鱼产业的健康发展，促进技术创新和市场竞争力的提升。

经过 20 余年的发展，中国的鲟鱼养殖和鲟鱼子酱生产取得了巨大的成就，从无到有，使中国成为世界上第一大鲟鱼养殖国和鱼子酱生产国。中国的鲟鱼产业成就举世瞩目，为全球鲟鱼资源的保护和科学利用做出了不可替代的贡献。然而，随着鲟鱼养殖和鲟鱼子酱生产规模的扩大，国内鲟产业结构不完整的问题日益突出，这制约了鲟鱼子酱产业的可持续发展。这可能包括生产环节中的技术和管理方面的挑战，以及市场中的竞争和品牌建设等问题。为了解决这些问题，需要进一步加强鲟鱼产业的规范化管理、技术创新和市场营销，以实现鲟鱼子酱产业的可持续发展和提升整个产业的竞争力。

1. 鲟鱼子酱生产后备亲鱼储备不足

鱼子酱生产规模的大小取决于性成熟后备亲鱼的储备量。要形成稳定的鱼子酱生产规模，稳定而持续的后备亲鱼养殖梯队是首要条件。尽管中国是世界上最大的鲟鱼养殖国，但养殖产量中 80% 以上是体重在 1kg 左右的商品鱼，用于鱼子酱生产的后备亲鱼养殖量相对较小。鲟鱼的性成熟期较晚，在养殖条件下需要 5～15 年才能达到性成熟。用于鱼子酱生产的鲟后备亲鱼的养殖周期较长，这增加了生产成本和风险，并且对技术要求较高。这也提高了后备亲鱼养殖的准入门槛，限制了后备亲鱼养殖群体的扩大。

针对上述现状，需要引导市场调整对鲟鱼的消费习惯和养殖结构，以提高鲟鱼的商品鱼规格。这可以通过加强鲟鱼的精细化分割和高值化加工来实现，从而提升产品的附加值。

一种可行的方法是将商品鱼规格从1kg（1龄左右）提高到5kg以上（3龄左右）。这不仅可以降低养殖成本，增加深加工产品的附加值，还可以采取接力养殖方式，为鱼子酱生产企业提供高龄后备亲鱼。这样做可以缩短生产企业的养殖周期，降低鱼子酱生产成本，并扩大后备亲鱼的储备量，从而提升鱼子酱的产量。

2. 种质混杂，生产性能下降

一方面，我国鲟鱼养殖种类多（12种），相应地，生产鱼子酱的种类也较多（近10种），其中杂交种占很高的比例，显示出国内鲟鱼杂交现象十分严重，虽然杂交育种能提高养殖成活率，但也由此造成了更深层的影响。目前鲟鱼杂交育种无章可循，盲目杂交生产的结果造成鲟鱼苗种良莠不齐，遗传背景混乱不清。根据CITES的规定，鱼子酱的国际贸易对鲟鱼的种质要求极其严格，必须申明确切的种类，盲目杂交将导致所生产的鱼子酱在出口时遭遇CITES技术壁垒。另一方面，国内缺乏系统的鲟鱼良种选育，养殖鲟鱼种质退化，生产性能下降。

建议建立鲟鱼种质管理体系，建立鲟鱼养殖原种场和良种场，保护原种，选育良种；政府管理部门加强技术监管，控制随意杂交，规范苗种市场；加强科研投入，加强良种选育研究，缩短亲鱼的成熟时间，提高怀卵率、怀卵量和鱼子酱质量。

3. 组织松散，无序竞争

目前我国鲟鱼子酱生产和出口的主导为企业，缺乏政府的引导和监督，市场隐患巨大。一方面，由于鲟鱼养殖生产过程缺乏监管，鲟鱼产品质量安全问题突出，鱼子酱进口国的技术性贸易限制或贸易纠纷问题凸显，一旦鱼子酱及其他深加工产品出口发生药物残留超标等质量安全问题，将给我国整个鲟鱼产业带来沉重的打击；另一方面，国内企业在国际市场的恶性压价、无序竞争，损害了我国鲟鱼子酱行业的整体利益。

建立一个由政府引导，由企业、科研和质量监督机构组成的具有权威性的鲟鱼子酱行业协会，对内引导企业规范生产，保证行业自律，对外与国际行业协会接轨，组织协调国外市场的开拓，从而使我国鲟鱼子酱产业朝着有计划、可持续的健康方向发展。

第二节　鲟鱼糜制备及其产品开发

一、漂洗前后鲟鱼糜的品质变化

在传统鱼糜生产过程中，漂洗是非常重要的一步工序，其根本目的是去除鱼肉中的可溶性蛋白、色素和脂肪，从而提高制品的凝胶特性和延长贮藏期。然而漂洗也会造成鱼糜中营养成分流失、得率下降、水资源浪费和环境污染，增加企业生产成本。有研究通过正交实验发现鱼糜漂洗的最佳工艺为：水漂洗次数1次，盐漂洗次数1次，盐浓度为0.25%，每次漂洗时间为1min。进行验证实验后鱼糜凝胶强度为5 069.453 $g \times$ mm。

在鱼糜生产过程中，漂洗可去除鱼肉中的一些水溶性蛋白质和不溶性物质（脂质、色素、腥味物质以及无机离子），从而提高鱼糜的品质。漂洗后，鱼糜中盐溶性蛋白比例显著增加，水溶性蛋白质和不溶性蛋白质的比例显著降低。鱼糜的持水力直接影响鱼糜产品中多项质量指标和经济指标，如质地、嫩度、切片性、弹性、口感和出品率。在漂洗后，鱼糜形成了更致密的凝胶结构，有效束缚了凝胶网络结构中的水分。漂洗鱼糜除去色素等杂质的同时，还能有效提高鱼糜的亮度，降低红绿度和黄蓝度，使鱼糜的白度显著提高。白度是基于亮度、红绿度和黄蓝度的综合评价指标。肌原纤维蛋白在鱼糜的凝胶强度中起着关键作用，漂洗可以提高肌原纤维蛋白的相对含量，从而提高鱼糜的凝胶强度。此外，漂洗还可以去除鱼糜中容易导致凝胶劣化的内源性组织蛋白酶，进一步提高凝胶强度。

二、鲟鱼糜凝胶劣化温度

凝胶劣化是凝胶加热降解的常见术语，当凝胶结构在加热过程中不可逆地被破坏时发生。凝胶劣化与鱼糜凝胶的产生密切相关，这可能导致肌原纤维蛋白质发生降解。虽然凝胶劣化通常不影响快速加热到80℃或90℃的鱼糜产品，但它可能影响缓慢加热至接近劣化温度的其他产品。因此，研究凝胶劣化温度对避免鱼糜凝胶的降解尤为重要。通常，凝胶劣化现象发生在50～70℃。然而，凝胶劣化现象高度依赖于制备鱼糜的鱼种。因此，确定不同鱼种鱼糜的凝胶劣化温度尤为重要。

通过对鲟鱼糜进行不同的温度处理发现，40℃处理的鲟鱼糜凝胶具有最低的凝胶强度、持水力和最高的可溶性肽、蛋白质溶解度，并且肌球蛋白重链条带在40℃完全水解。在40℃时，组织蛋白酶L具有最高的活性，并且其在鲟鱼糜发生凝胶劣化现象中起主要作用。90℃直接加热30min得到的鲟鱼糜凝胶具有较好的凝胶强度和持水力，以及较低的可溶性肽和蛋白质溶解度。综合各指标分析，90℃直接加热30min是比较适合鲟鱼糜的加热方式。

三、鲟鱼糜凝胶形成机制

鲟鱼等淡水鱼虽然可以加工成鱼糜凝胶，但淡水鱼本身存在一些问题，限制了淡水鱼加工业的发展。淡水鱼体内的内源性蛋白酶易被激活，这些蛋白酶会导致鱼糜发生凝胶劣化。同时，淡水鱼本身存在强烈的土腥味，会对产品的气味和口感产生不利影响。为了解决淡水鱼存在的问题，国内已经进行了不少研究。其中一项研究发现，漂洗后四大家鱼鱼糜的质量明显得到改善，其凝胶性能和持水性能均显著提高。此外，漂洗几乎完全去除了组织蛋白酶H，这进一步改善了鱼糜的品质特性。

在鲟鱼糜凝胶形成过程中，漂洗可以增加盐溶性蛋白的含量，同时降低水溶性蛋白和不溶性蛋白的含量。这表明漂洗可以去除一些水溶性蛋白和不溶性物质。当进行擂溃和加热凝胶化后，盐溶性蛋白和水溶性蛋白的含量都会下降，而不溶性蛋白的含量会上升。整个加工过程中，不溶性蛋白的比例增加。这是因为肌球蛋白重链通过分子之间的共价键交联形成了不溶性蛋白。这种交联作用有助于形成鱼糜凝胶的结构，提高凝胶的强度和稳定性。

在鲟鱼糜凝胶形成过程中，鱼糜蛋白质在 1 100 cm^{-1} 附近的吸收峰发生红移，且擂溃鱼糜在 3 300 cm^{-1} 附近和特征吸收峰（1 650 cm^{-1} 和 1 540 cm^{-1}）附近的吸收振动增强，说明经过漂洗、擂溃、凝胶化后，鲟鱼糜的二级结构发生了一定的变化。

在鲟鱼糜凝胶形成过程中，鲟鱼糜的 T_2 弛豫时间有四个区间。经过漂洗、擂溃和凝胶化后，鱼糜凝胶对水分的束缚力增强，有利于形成致密的凝胶网状结构。蠕变实验也证明，经过加工形成的鱼糜凝胶网状结构更加致密。

四、α-生育酚对冻藏过程中鲟鱼糜品质的影响

通过测定菌落总数、pH、盐提取蛋白、水提取蛋白、羰基、巯基、表面疏水性、凝胶性能、持水力、白度和微观结构等指标，证明 α-生育酚能很好地维持冻藏期间鲟鱼糜的品质，并延缓鲟鱼糜在冻藏期间的变化。冻藏16周后，相比对照组（不含抗冻剂或 α-生育酚的鱼糜用作对照组）和商业抗冻剂组，添加了 α-生育酚的鲟鱼糜拥有最低的菌落总数和pH，盐溶性蛋白含量、羰基含量和巯基含量与商业抗冻剂组的含量没有显著性差异，表明 α-生育酚对鲟鱼糜氧化的抑制和商业抗冻剂的效果相当，而且添加了 α-生育酚的鲟鱼糜拥有最高的白度值，拥有最好的外观品质。

五、鸡胸肉与鲟鱼肉复合肉糜

（一）鲟鱼糜和鸡胸肉糜的基本组成与凝胶特性分析

以漂洗鲟鱼糜（R）、未漂洗鲟鱼糜（NR）、鸡大胸肉糜（JD）和鸡小胸肉糜（JX）为原料，从基本营养组成与凝胶特性两大方面探讨鲟鱼糜与鸡胸肉糜的性质差异。漂洗鲟鱼糜、未漂洗鲟鱼糜、鸡大胸肉糜、鸡小胸肉

糜的基本营养组成如表5-6所示，以此分析鸡胸肉与未漂洗鲟鱼糜复合的可能性。结果表明，NR组水溶性蛋白、脂肪和无机盐等营养物质显著高于R组，且其氨基酸比例较均衡，蛋白质营养价值较高，说明漂洗损失了鱼糜中相当一部分营养物质，特别是水溶性蛋白和无机物，以及部分对人体有益的不饱和脂肪酸。相较于鲟鱼糜，鸡胸肉具有明显高蛋白、低脂肪的特点，鸡胸肉糜与漂洗鲟鱼糜蛋白质营养价值接近。样品中必需氨基酸总量由大到小分别为JD＞JX＞NR＞R，其中鸡胸肉糜的必需氨基酸含量均显著高于鲟鱼糜，未漂洗鲟鱼糜显著高于漂洗鲟鱼糜。由图5-6可知，鸡胸肉组在破断力、凝胶强度、硬度、胶黏性、咀嚼性和黏附性（1 222.75g、9 602.35$g \times$ mm、11.77N、5.90N、32.60mJ和0.95mJ）等方面均显著大于R组（768.50g、6 159.36$g \times$ mm、8.30N、3.83N、22.65mJ和0.12mJ）（$P < 0.05$），极显著大于NR组（$P < 0.01$），在持水性方面与漂洗鲟鱼糜差异不大。因此可将鸡小胸肉与未漂洗鲟鱼糜复合制备不漂洗复合鲟鱼糜制品。

表5-6　鲟鱼糜、鸡胸肉糜的基本组成

原料	水分（%）	灰分（%）	粗蛋白（%）	粗脂肪（%）
R	80.03±0.42[a]	0.52±0.07[a]	14.14±0.40[a]	3.78±0.19[c]
NR	78.49±0.40[b]	1.10±0.13[b]	16.86±0.57[b]	4.88±0.62[d]
JD	71.15±0.40[d]	1.23±0.03[b]	22.65±0.57[c]	2.17±0.22[b]
JX	73.59±0.63[c]	1.24±0.03[b]	22.96±0.43[c]	1.49±0.11[a]

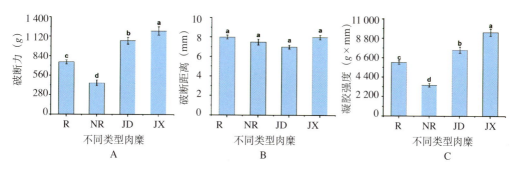

图5-6　鲟鱼糜、鸡胸肉糜制品的破断力（A）、破断距离（B）和凝胶强度（C）

（二）不漂洗复合鲟鱼糜凝胶制品的形成机制探究

以凝胶特性、白度和感官等为指标，探究不同含量鸡胸肉对复合鲟鱼糜制品理化性质的影响。在确定最优鸡胸肉添加量的基础上，通过分析分子间作用力和蛋白结构的变化探究复合鲟鱼糜凝胶形成机制。结果表明，复合鲟鱼糜凝胶的破断力、凝胶强度、硬度、弹性、胶黏性、咀嚼性、持水性、整体可接受性等都随着鸡胸肉含量的增加而增大，并在40%时达到最大值。各样品在亮度和白度方面没有显著性差异。相关性分析表明，弹性、咀嚼性、硬度、胶黏性和凝胶强度呈极显著正相关，白度与各个指标基本无相关性。化学作用力表明离子键和疏水相互作用是维持鱼糜凝胶稳定构象的主要作用力。复合鱼糜凝胶在特征吸收峰（3 300cm^{-1}、1 655cm^{-1}、1 400cm^{-1}）附近的吸收振动增强，并在C—H伸缩振动峰处发生红移，蛋白质二级结构发生变化。SDS-PAGE结果表明鸡胸肉的添加能够增加复合鱼糜体系MHC和Actin浓度，通过诱导两种蛋白质之间的交联，产生均匀密集、较为规则的网状结构，并使蛋白质与水分子之间的作用增强，复合鱼糜的T22峰面积增加，横向弛豫时间明显缩短，水分的移动性减弱。DSC图谱也证明复合蛋白是相互作用之后形成凝胶的。

（三）不同保鲜方式对冻藏过程中复合鲟鱼糜品质的影响

不漂洗鲟鱼糜虽然可以通过与鸡胸肉复合形成凝胶质构、性质优良的复合鱼糜制品，但鲟鱼糜本身含有较高含量的蛋白质和不饱和脂肪酸，且不漂洗鲟鱼糜组织蛋白酶较为活跃，易腐败。脂肪虽然可以提高鱼糜制品的口感和风味，但在长期冻藏过程中极易发生脂肪氧化，从而引起蛋白质氧化，使鱼糜制品质构和风味发生改变，不利于产品的长期保存。目前可通过冰温微冻、气调保鲜、臭氧杀菌等技术来保鲜，但因精准控温等技术难点问题，这些技术在商业上尤其是水产品的应用方面还处于研究和起步阶段。因此将商业应用较为成熟的保鲜技术应用于不漂洗复合鲟鱼糜的研究有着重要的现实意义。

抗氧化剂真空包装对−18℃冻藏16周的复合鲟鱼糜品质变化有较大的影响。以未漂洗组鱼糜作为对照组1，没经过任何保鲜处理的40%复合组鱼糜作为对照组2。各组鱼糜冻藏16周后，破断力、破断距离、凝胶强度、硬度、弹性、胶黏性、咀嚼性和持水性都降低，TBA均上升，但真空包装组的凝胶质构都优于维生素E处理组，且TBA在冻藏期间始终低于其他各组样品。经过保鲜处理的复合鲟鱼糜在冻藏16周后仍保持一定的弹性特征，组织较为均匀且孔洞细小。随着冻藏时间的延长，各鱼糜组样品中不饱和脂肪酸含量均逐渐下降，亚油酸和花生四烯酸含量降低明显。冻藏后期己醛、壬醛浓度增大，1-庚醇、异戊醇和1-己醇等饱和醇种类逐渐增多。相对于未漂洗组，复合组鱼糜尤其是真空包装处理组，挥发性风味物质种类较少且浓度较低，说明真空包装能够有效隔绝氧气，缓解脂肪氧化和凝胶结构的劣变。

第三节　鲟鱼油提取方法

近年来，鲟鱼的养殖面积和产量不断增加。在生产高值产品鲟鱼子酱的过程中，会产生大量的加工废弃物，如何综合利用这些废弃物成为养殖业关注的热点问题。鲟鱼油中含有丰富的多不饱和脂肪酸，特别是二十碳五烯酸（EPA）和二十二碳六烯酸（DHA），具有很高的医用保健价值。这些脂肪酸在心血管病、炎症、癌症等方面具有疗效，并且对增强免疫力、健脑益智、保护视网膜等方面也有作用。因此，开展从鲟鱼加工废弃物中提取鱼油的工艺研究非常有必要。传统提取鱼油的方法包括冷冻法、乙醇溶剂萃取法和蒸煮法等几种。在中国，鱼油厂通常采用淡碱水解法，但这种方法会产生高钠盐含量的废液，无法进一步利用，从而形成新的废弃物。一些研究者进行了酶解技术在鱼油提取中的应用研究。杨贤庆等（2009）主要研究了酶解技术在鱼油提取中的应用，而虞恒等（2017）则进一步优化了酶法提取鱼油的方法。与传统的鱼油提取方法相比，酶法可以在提取鱼油的同时将水解后的产物加以利用，生产蛋白质水解产物。通过研究和优化提取鱼油的工艺，可以实现对鲟鱼加工废弃物的综合利用，提高资源利用效率，减少废弃物的产生，同时获得高价值的鱼油和其他产品，具有重要的经济和环保意义。

一、鲟鱼油提取工艺方法

（一）理论油脂质量

即原料的粗脂肪含量，测定方法为索氏抽提法。

（二）鱼油提取率计算

$$提取率 = \frac{提取鱼油质量}{理论油脂质量} \times 100\%$$

（三）鱼油过氧化值测定

用硫代硫酸钠滴定法测定鱼油过氧化值。

（四）酶法提取鱼油工艺流程

鲟鱼内脏→抗氧化剂(0.01%，W/W)→酶解→离心(4 000r/min，10min，室温)→上层油脂→乙醚萃取除杂(1∶1，V/V)→蒸发除去乙醚→粗鱼油。

（五）氨法提取鱼油工艺流程

鲟鱼内脏→水浴升温至45～50℃→加入氨水（12.5%）调pH至8～9→搅拌升温至80～90℃→保温30min→碳酸铵（6%）水解→盐析15min→离心→粗鱼油。

（六）钾法提取鱼油工艺流程

鲟鱼内脏→水浴升温至45～50℃→加入氢氧化钾（40%）调pH至8～9→搅拌升温至80～90℃→保温30min→硝酸钾（4%）水解→盐析15min→离心→粗鱼油。

（七）蒸煮法提取鱼油工艺流程

鲟鱼内脏→121℃蒸煮1.5h→离心→粗鱼油。

（八）感官评价

对鲟鱼内脏提取的鱼油进行色泽和气味的简单评价。

（九）鱼油脂肪酸测定

脂肪酸的甲酯化：取适量鲟鱼油，加入 1 ～ 2mL 沸程为 30 ～ 60℃的石油醚和苯的混合溶剂（1∶1），轻轻摇动使油脂溶解，加入 1 ～ 2mL 0.4mol/L 氢氧化钠 - 甲醇溶液，混匀，在室温下静置 5 ～ 10min 后，加蒸馏水使全部石油醚苯甲酯溶液升至瓶颈上部，放置澄清后，即可通过气相色谱（GC）分析法测定脂肪酸相对含量。

二、酶法提取鲟鱼油最佳工艺确定

酶量、温度、提取时间及 pH 是影响鱼油提取率及产品质量的主要因素，为了确定最佳的提取方法，采用正交试验法，以 $L9(3^4)$ 正交表设计试验，对酶量（A）、温度（B）、提取时间（C）和 pH（D）四个主要影响因素的条件进行筛选，从而确定酶法提取鱼油的最佳方案，试验结果见表5-7。

表5-7　正交试验设计表与试验结果

试验号	A酶量（%）	B温度（℃）	C提取时间（h）	D pH	提取率（%）	过氧化值（g/100g）
1	1 (0.2)	1 (30)	3 (4.0)	2 (7)	67.17	0.52
2	1	2 (40)	2 (3.0)	1 (6)	69.49	0.59
3	1	3 (50)	1 (2.0)	3 (8)	70.55	0.74
4	2 (0.4)	1	1	1	68.96	0.63
5	2	2	3	3	71.08	0.61
6	2	3	2	2	73.51	0.73
7	3 (0.6)	1	2	3	78.69	0.51
8	3	2	1	2	82.52	0.52
9	3	3	3	1	67.03	0.77

正交试验各主要因素对鱼油提取率及产品过氧化值的评价结果见表5-8、表5-9。

表5-8　各因素对提取率的影响评价

| 项目 | 评分 | | | |
	A酶量（％）	B温度（℃）	C提取时间（h）	D pH
K1	207.21	214.82	222.03	205.48
K2	213.55	223.09	221.69	223.2
K3	228.24	211.09	205.28	220.32
R	21.03	12	16.75	17.72

表5-9　各因素对鱼油过氧化值的影响评价

| 项目 | 评分 | | | |
	A酶量（％）	B温度（℃）	C提取时间（h）	D pH
K1	1.85	1.66	2.14	1.99
K2	1.97	1.97	1.83	2.02
K3	1.8	1.99	1.9	1.86
R	0.17	0.33	0.31	0.16

根据表5-8的数据分析，可以确定在选定水平下各因素对鱼油提取率的影响主次顺序为：因素A＞因素D＞因素C＞因素B。根据这个顺序，理论上计算得出的最佳组合是A3B2C1D2。值得注意的是，这个最佳组合与表5-7中的试验8的组合是一致的。

根据表5-9的数据分析，可以观察到酶量和pH对酶法提取鱼油的过氧化值影响不大，而温度和时间是影响鱼油过氧化值的主要因素。在选定水平下，各因素对鱼油过氧化值的影响主次顺序为：因素B＞因素C＞因素A＞因素D。根据这个顺序，理论上计算得出的最佳组合是A3B1C2D3。值得注意的是，这个最佳组合与表5-7中的试验7的组合是一致的。根据试验结果，使用最佳组合进行鱼油提取，得到的鱼油过氧化值为0.51。这意味着在该实验条件下，使用A3B1C2D3组合可以获得较低的鱼油过氧化值。

三、不同提取方法的比较

按照上述确定的最佳提取方法提取鱼油，并和传统的提取方法（氨法、钾法、蒸煮法）进行比较，结果见图5-7、表5-10。

根据图5-7的数据，可以观察到酶法提取得到的粗鱼油最多，显著高于其他三种方法，而蒸煮法的鱼油提取率最低。在过氧化值方面，蒸煮法提取的粗鱼油的过氧化值最高，其次是酶法、钾法和氨法。经过酶处理后，鲟鱼内脏中的油脂大部分已经水解，使油脂充分释放出来，因此酶法提取鱼油的提取率显著提高。蒸煮法处理过程中，由于温度升高，脂肪的自动氧化速度加快，导致产品的过氧化值较高；其他三种方法在40～50℃的温度范围内进行处理，而酶法提取所需时间相对较长，一般需要2 h，因此其过氧化值较高于氨法和钾法。

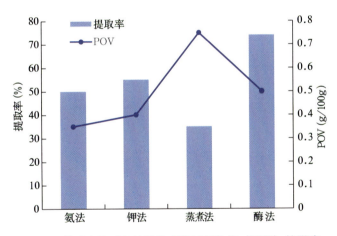

图5-7　提取方法对鱼油提取率及过氧化值（POV）的影响

表5-10　提取方法对粗鱼油的感官影响

提取方法	颜色	气味	透明度
氨法	金黄色	淡鱼腥味，刺鼻气味	透亮，有很少量晶体
钾法	金黄色	淡鱼腥味	透亮，有很少量晶体

（续）

提取方法	颜色	气味	透明度
蒸煮法	棕黄色	较浓鱼腥味	透亮
酶法	黄色	淡鱼腥味	透亮

在感官上，氨法和钾法得到的粗鱼油颜色较好，为透亮的金黄色，但产品中存在少量的杂质；酶法提取的鱼油透明，但颜色略深，可能是因为枯草杆菌蛋白酶本身的颜色较深所致；蒸煮法所得的粗鱼油颜色为棕黄色。从气味方面分析，氨法提取的粗鱼油有刺鼻气味，蒸煮法所得鱼油腥味最重，而酶法与钾法提取的鱼油均表现为新鲜的淡鱼腥味，符合食用油的要求。

四、抗氧化剂对鱼油过氧化值的影响

鱼油含有较多的不饱和脂肪酸，在提取过程中受温度影响比较大。油脂于65℃的恒温炉中放置24h，相当于在室温下放置1个月，在提取过程中加入抗氧化剂，可以改善鱼油提取质量，不同抗氧化剂对鱼油过氧化值的影响见图5-8。

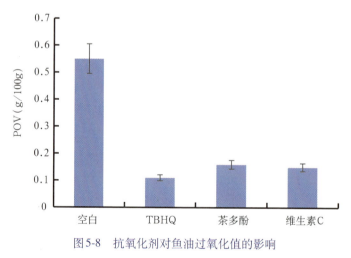

图5-8　抗氧化剂对鱼油过氧化值的影响

根据图5-8的数据，可以观察到在不加入抗氧化剂时，鱼油的过氧化值最高，而加入抗氧化剂后，鱼油的过氧化值明显降低。特别是加入特丁基对苯二酚（TBHQ）后，过氧化值不足原来的1/3。茶多酚和维生素C对鱼油的抗氧化效果相近，其提取的鱼油过氧化值分别为0.18g/100g和0.16g/100g，低于空白组。TBHQ是一种合成抗氧化剂，目前尚未被欧洲、日本、加拿大等国批准在食品上应用，且价格较贵。因此，从这些方面考虑，采用茶多酚或维生素C作为鱼油的抗氧化剂是较好的选择，因为它们的抗氧化效果较好。因此，在鱼油提取过程中加入抗氧化剂可以有效抑制油脂的氧化，优于传统的鱼油提取方法。这些抗氧化剂可以减轻鱼油在储存和使用过程中的氧化程度，保证鱼油的质量和稳定性。选择合适的抗氧化剂对于鱼油的质量保证非常重要。

五、几种鱼类脂肪酸组成比较

表5-11　3种鱼类脂肪酸组成比较（％）

种类	SFA	MUFA	PUFA	油酸	亚油酸	亚麻酸	EPA	DHA
鲟鱼腹肌	23.88	42.30	33.84	32.26	12.25	2.99	4.95	8.30
鲟鱼内脏	23.26	43.66	33.09	33.26	12.10	3.22	4.46	7.62
咸海卡拉白鱼	18.12	39.43	42.15	26.60	12.69	2.35	7.50	17.34
斑驳尖塘鳢	41.93	29.31	24.41	20.30	6.34	3.49	2.24	4.74

　　由表5-11可知，鲟鱼腹肌和内脏脂肪酸组成情况差别不大，两部位均含有大量的不饱和脂肪酸，其中单不饱和脂肪酸含量分别为42.30%和43.66%，多不饱和脂肪酸含量分别为33.84%和33.09%。脂肪酸含量依次为MUFA＞PUFA＞SFA，与淡水鱼中多数SFA＞PUFA＞MUFA的数据不同，与表中卡拉白鱼及斑驳尖塘鳢的脂肪酸含量分布也不一致。3种鱼类脂肪酸组成的差异与其自身的生物学特性有关。所用样本鲟鱼出自杭州千岛湖，其不饱和脂肪酸含量极高，与咸海卡拉白鱼相近，约占脂肪酸总量的75%以上。无论鲟鱼内脏还是鲟鱼腹肌均含有动物体内典型的脂肪酸，如油酸、亚油酸、亚麻酸、EPA及DHA等，其中鲟鱼样本中油酸含量明显高于另外两个种类，亚油酸、EPA及DHA含量高于斑驳尖塘鳢，低于咸海卡拉白鱼，亚麻酸含量高于咸海

卡拉白鱼，低于斑驳尖塘鳢。

在鲟鱼子酱的加工过程中，会产生大量的加工废弃物，而这些废弃物中含有多种不饱和脂肪酸，且不饱和脂肪酸含量高，与咸海卡拉白鱼相近，明显高于淡水养殖鱼类，因此可以作为加工鱼油的良好来源。油脂在油料细胞中以两种形式存在，一种是"自由"形式，另一种是"结合"形式，即与细胞内的蛋白质和碳水化合物结合存在，构成脂蛋白、脂多糖等复合体。传统的提油方法只能提取出"自由油"，而无法提取出"结合油"。然而，采用酶处理鲟鱼内脏可以降解油料细胞膜及油复合体，有利于油脂的充分提取。通常情况下，原料在打碎过程中部分磷脂与蛋白质在水中结合，形成一层脂蛋白膜，并形成稳定的乳化胶体状态，这不利于油脂的分离提取。然而，酶可以破坏这层脂蛋白膜，从而提高油的得率。

第四节　养殖鲟鱼皮制革工艺

我国鲟鱼商业化养殖始于20世纪90年代初，经过多年的实践，养殖技术日益成熟。有研究表明，鲟鱼皮的质量占鲜鱼总质量的5%～7%。鲟科鱼类属软骨硬鳞鱼类，这类鱼皮很难简单食用；也就是说，我国每年有700t以上的鲟鱼皮要丢弃。一方面浪费资源，另一方面还污染环境。

围绕鲟鱼皮资源的有效利用，相关研究者做了很多工作，并仍在寻求新的途径。

一、鲟鱼皮的组织学研究及其在皮革中的应用

组织学的研究对于皮革的加工过程具有重要的指导意义。通过对原料皮到生产过程各个工序的组织切片图的研究，可以了解皮革中胶原纤维、弹性纤维、脂肪等结构的分布情况，从而指导制革工艺并解决制革中遇到的技术

难题。匙吻鲟鱼皮的组织结构特点是弹性纤维分布较少，很少形成纤维束；脂肪主要集中在鱼腹部皮中；胶原纤维较细，基本上按平行走向呈"人"字形规整编织，没有织角；与硬鳞中编织致密的胶原纤维不同，两者之间没有很好的连接。因此，在制革过程中需要采取相应的措施，以确保鲟鱼皮革的完整性。鲟鱼皮革具有独特的花纹和色彩图案，人工难以模仿。随着鲟鱼皮革生产技术的日益成熟，鲟鱼皮制革具有广阔的发展前景。鲟鱼皮革的独特性使其在时尚和奢侈品行业中具有很高的价值和吸引力。因此，对鲟鱼皮革的组织结构和特点进行深入研究，并结合先进的制革技术，可以推动鲟鱼皮革的生产和应用，并为相关产业带来广阔的发展前景。

二、鲟鱼皮制革工艺流程

（一）鲟鱼皮质油脂的除去

制作鲟鱼皮皮革采用的原料皮是经盐腌防腐法保存过的盐湿皮，已将皮上的大部分肉刮去，皮张的硬度较大，含水量低。鲟鱼皮含脂量高，在制革的过程中首先要进行脱脂处理。脱脂的方法有溶剂法、超临界萃取法和皂化法。

（二）鞣革前的准备

首先将鲟鱼皮水洗45min，其间保持手工操作，并且采用大液料比，以充分除去表面未除干净的血污及大部分的盐分和防腐剂。在塑料盆中准备pH为10的纯碱溶液，以能将鲟鱼皮全部浸没为准，加入少量表面活性剂，浸泡鲟鱼皮20h后，就达到了浸水终点。

在浸水的过程中，经常用无口不锈钢弯刀轻刮样品，其目的是除去表面明显的肉和部分的深层脂肪，力度要适中，避免破坏鲟鱼皮的完整性。

取出鲟鱼皮，用清水清洗5min左右，于通风处放置10min左右，继而进入脱脂阶段。采用的是乳化-皂化法脱脂，同时使用乳化剂和纯碱，保证脱脂液能完全浸没鲟鱼皮，保持pH为9的溶液环境。

与浸水一样，脱脂时也要经常用弯刀轻刮鲟鱼皮内表面，可以看到有乳白色的皮内脂肪。经过75h左右达到"皮无油腻感，表皮清爽，脱脂干净"的脱脂终点。

3. 浸灰

按液皮比为2.5∶1，使常温下容器内的水能将鲟鱼皮完全浸没，向其中加入足量的纯碱配制成纯碱饱和溶液，保持浸灰所必需的pH，浸泡48 h。

4. 脱灰

用流水清洗鲟鱼皮，大约5min左右，然后再闷洗，即用清水将鲟鱼皮浸没，时间大概为24h。在水洗脱灰的过程中，要经常翻动鲟鱼皮。达到脱灰的终点后进入下一步工序。

5. 脱骨刺

小心用镰口刀刮去鲟鱼皮外的骨刺，直至手感光滑为止。

6. 浸酸

液皮比为1∶1，常温操作，时间30h，甲酸总浓度控制在1.0%。调好液料比，加入所需的甲酸并配成1.0%的溶液，让鲟鱼皮在酸液中浸泡，并不时地进行手动操作令鲟鱼皮产生弯折和移动。当pH为2～3，皮处于脱水态、无皱折即为终点。

（三）二浴铝鞣

采用新二浴铝鞣法，在浸酸液中进行。

（1）第一浴　加入5%明矾，常常翻动样品，操作时间以24h为准。

（2）第二浴　加入10%明矾，常常翻动样品，操作时间以40h为准。

人工养殖的鲟鱼的皮质在经过上述工艺过程革化后，皮革的正面斑纹（图5-9）清晰、规整、独具特色。

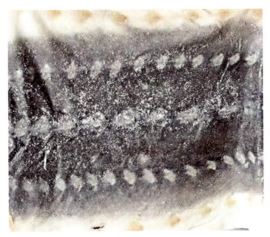

图5-9 鲟鱼皮革的斑纹

第五节 鲟鱼加工贮藏过程中的品质变化

　　我国鲟鱼加工主要集中在鱼子酱的制备、鱼体的分割加工、鱼肉的加工利用，例如市售冷冻鱼片、鱼糜制品和烟熏制品等。鲟鱼本身具有较高的水分含量，富含多不饱和脂肪酸，且内源性组织蛋白酶含量丰富，鱼肉组织鲜嫩，易变质腐败。因此，在鲟鱼加工贮藏过程中防止氧化酸败、控制内源酶分解活性以及抑制腐败菌生长繁殖，实现保鲜防腐和延长货架期是目前鲟鱼产业亟待解决的关键性难题。

　　鲟鱼主要构成部分为鱼肉、鱼卵、龙筋、鱼骨等，鲟鱼加工利用基本停留在冷冻、腌制、熏制、干制等初级加工阶段，加工比例低。随着全产业链重要性的逐渐凸显，鲟鱼来源的胶原蛋白、功能多肽、硫酸软骨素等生物活性物质逐渐引起重视，提升鲟鱼精深加工及综合利用率，对鲟鱼产业的可持续发展至关重要。

一、鲟鱼各类加工产品

我国是世界上最大的鲟鱼养殖国，综合西伯利亚鲟、俄罗斯鲟、施氏鲟、杂交鲟、鳇、欧洲鳇等多个鲟鱼种类分割体系产业数据，雌鱼中鱼卵占总重约12%，三去（去头、去尾、去卵）后鱼肉重量占比约43%，鱼筋、内脏、鱼头、鱼尾占比分别约为1.5%、4.7%、19%和1%；而雄鱼鱼肉占比约68%，鱼筋、内脏、鱼头、鱼尾占比分别约为2%、10%、21.6%和1.7%，鉴于鲟鱼雌雄鉴别技术尚不完善，雄鱼损失率更大。国际市场的竞争，高昂的养殖成本，自然灾害、病害等各种风险促使从业人员对鲟鱼精深加工利用提出了更高要求，鲟鱼内脏（鱼肠、鱼肝、鱼胃、性腺、鱼鳔）、鱼头（鱼唇、鱼鳃、鱼头软骨、剩余部分）、鱼尾、龙筋、鱼卵、鱼皮等鲟鱼加工过程中的品质变化规律的揭示，对全面了解鲟鱼养殖过程中各类成分积累的特点，进一步阐明鲟鱼营养组成代谢调控机制具有重要意义。张扬星等以鲟鱼及鸡软骨为原料，添加一定的辅料并采用湿法制粒压片技术进行咀嚼片的制备，制得了口感适宜、风味极佳的产品。尹剑等采用湿法造粒技术和模糊数学法分析方法及单因素试验、响应面试验及正交试验，对鲟鱼皮二肽基肽酶-Ⅳ抑制肽咀嚼片配方及制备工艺进行优化，获得了最优配方（肽粉添加量46.52%，木糖醇添加量23.94%，CMC-Na 添加量7.88%，硬脂酸镁添加量7.00%，剩余奶粉及微晶纤维素添加量分别为10%与4.66%），所得的咀嚼片硬度适中，表面光滑且色泽均匀。此类研究为提升加工精准性与科学性，实现优质、高效、节能加工提供了理论基础。

除鲟鱼肉、鱼卵外，其余组分的研究主要集中于活性肽的提取，以数个氨基酸结合而成的短肽，具有比氨基酸更好的消化吸收效果，其营养和生理功能更为优越。同时，新型肽具有蛋白质或其组成氨基酸所没有的新功能，对鲟鱼等各类水产品深度加工具有必要性。而在鲟鱼副产物精深加工的过程中，仍受到多种因素的影响，例如温度、pH等，直接影响了鲟鱼副产物加工产品的品质与等级。

对鲟鱼副产物的加工与其贮藏稳定性易受环境因素影响。饶承冬等发现西伯利亚鲟肝脏铁蛋白在酸性环境下释放铁的速率明显高于在碱性环境下的释放速率；在 Tris-HCl 缓冲液中铁释放的速率高于在磷酸盐缓冲液中的释放速率。H^+、OH^-和PO_4^{3-}对铁蛋白释放完整铁核中的铁具有一定的影响。另外，丁炳文等提出热处理温度也会影响肝脏铁蛋白对铁的释放速率。随着热处理温度的升高（25 ~ 65℃），肝脏铁蛋白的铁释放速率增加。目前针对鲟鱼加工副产物及其制品贮藏品质的研究尚较欠缺，鲟鱼精深加工亟待进行技术和产品升级，以适应现代化水产加工产业高效化、标准化、规模化发展趋势，完成鲟鱼优质、高效、全利用，生产多元化精深加工产品，进一步提高市场竞争力和影响力，促进鲟鱼产业的健康和快速发展。

二、鲟鱼在加工过程中的品质变化

1. 真空低温蒸煮对鲟鱼加工品质的影响

真空低温蒸煮（sous vide）技术是一种在真空低温条件下对食物原材料进行加热的方法，该技术真空包装所提供的封闭厌氧环境可以抑制食品中好氧微生物的生长，避免真空加热过程中的二次污染，减少加工过程中脂肪氧化产生的异味以及挥发性风味成分、水分和营养物质的流失。该技术具有低温长时间加热的特性，加热温度一般在50 ~ 90℃，加热时间在几分钟到数小时不等。Shen Shike等发现低温真空加热能够降低鲟鱼片的亮度、黄度以及pH，增加红度、咀嚼性、硬度，提升产品品质。生物胺的含量随着加热温度和时间的增加而逐渐降低，菌落总数尤其是假单胞菌的数量呈现下降趋势。Cai等发现经过60℃真空低温处理能够有效抑制气单胞菌和假单胞菌的生长，鲟鱼堡的保质期延长20d；然而肌球蛋白轻链、肌球蛋白重链和巯基含量下降表明脂质氧化和蛋白质氧化降解较为严重，蛋白质组学的数据表明差异蛋白主要涉及细胞组成与生化代谢途径。低温真空加热处理的鲟鱼片中肌原纤维蛋白溶解性较好，蛋白质聚集减少，硫代巴比妥酸反应物和席夫碱较少。冯秋风研究发现60℃处理组与70℃和80℃处理组相比，在第五天的汁液流失率降低1.56% ~ 2.78%（图5-10），凝胶强度提高70 ~ 100 $g \times mm$，且60℃处理组气味响应值在冷藏过程比较稳定。真空低温蒸煮技术能够显著改善鲟鱼堡在不同烹饪方式下的咀嚼性（0.35 ~ 1.75 N）和弹性（1.25 ~ 4.75 mm），提高持水性（1.34% ~ 5.12%）和消化率（2.5% ~ 4.5%），抑制挥发性风味物质的散失（图5-11）。相比于传统加工方式，该技术的加工工艺比较烦琐，且蒸煮温度和时间直接影响产品的质构、色泽、风味、滋味等特性，因此该技术还没有大规模应用到工业化生产中，仍需对技术进行升级创新。

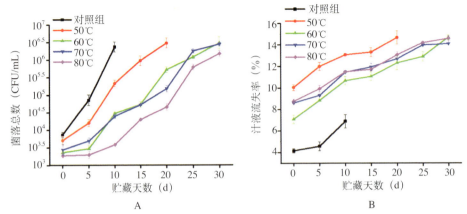

图5-10 不同真空低温蒸煮加热温度对菌落总数（A）和汁液流失率（B）的影响

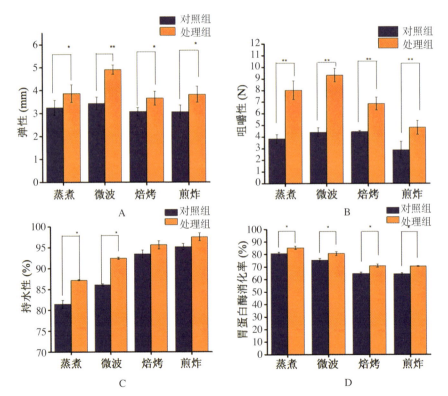

图5-11 真空低温蒸煮对不同加工方式下鲟鱼堡弹性（A）、咀嚼性（B）、持水性（C）和胃蛋白酶消化率（D）的影响

2. 干制对鲟鱼加工品质的影响

水产品原料直接或经过盐渍、预煮后在自然或人工条件下干燥脱水的过程称为水产品干制加工。干制是一种传统的食品保藏方法，其主要原理是除去食品中微生物生长、发育所必要的水分，防止食品腐败变质，以达到长期保存的效果。在缺失水分的情况下，食品原料中的各种酶类，尤其是水产品中的蛋白质、脂质、碳水化合物分解酶活性均会受到抑制，同时，水分活度的降低使得水产品易于硬化，脂质易于氧化，多种因素均会对食品品质产生影响。水产品干制品分为生干品、煮干品、盐干品、调味干制品4种。干燥方式分为日干与风干、热风干燥、远红外干燥、冷冻干燥等，在干燥和贮藏过程中易引起色泽与风味变化等品质问题。

（1）**鲟鱼肉**　徐璐研究发现鲟鱼肉干腌制料的最佳配比为糖4%、料酒3.5%、辣椒1.5%、盐3%，在此配方下腌制50min，所得肉干风味和口感达到最佳。依据鲟鱼肉干制品水分含量、货架期、质构特性、色泽及微生物等指标，确定最佳干燥和杀菌工艺为：干燥温度40℃、干燥时间120min、杀菌温度105℃、杀菌时间20min。随着干燥温度的升高与杀菌时间的延长，硬度和咀嚼性均呈上升趋势，这可能是因为肌原纤维蛋白的热收缩变性起主导作用，肌纤维结构逐渐致密，使硬度增加。真空干燥可在低压环境下对食品进行干燥，且所需的温度较低，可较好地保持食品的品质。蔡文强等将真空干燥应用于鲟鱼肉，研究真空干燥和常压干燥过程中鲟鱼肉的质地、色泽、质构等食用品质，以及蛋白结构的变化，以期为鲟鱼肉干燥工艺和产品创新开发提供理论依据。与常压60℃相比，真空干燥组鲟鱼肉的白度波动幅度较小，且真空50、60℃条件下干燥7h后，鲟鱼肉的白度趋于稳定，这说明真空干燥可以延缓鱼肉的色泽变化。干燥9h后，鲟鱼肉中的水分含量为常压60℃组＜真空70℃组＜真空60℃组＜真空50℃组，干燥第11小时，鲟鱼肉中的水分含量为21.32%～21.91%，无显著差异。常压热风干燥和过高的温度会降低蛋白质的水合作用，导致蛋白变性，说明适宜温度的真空干燥对鲟鱼肉的质构特性有较好的保护作用，真空60℃干燥可以较好地保存鲟鱼肉的品质。郭思亚等以鲟鱼肉为原材料开发了鲟鱼肉干，腌料中的盐含量为0.923%、腌制时间27.351min、熟化油温为157.575℃、熟化时间为2.750min，在此条件下，鱼肉干硬度、胶着性、咀嚼性分别为6 065.246g、4 626.384g和5 987.760g。

(2) **鲟鱼龙筋** 沈鹏博以鲟鱼龙筋为原料，研究产品加工过程中的热加工条件、干燥条件和复水条件，并研究加工过程中的理化指标、质构特性等的变化。利用蒸煮、烤制、油炸、水浴四种方法对鲟鱼龙筋进行熟化，通过对质构特性和感官评定结果的比较，得出最佳的熟化方法是水浴加热。将熟化的龙筋在不同的风速、温度、相对湿度条件下进行干燥，风速越大，温度越高，相对湿度越低，干燥速率越快。高温条件下复水的鲟鱼龙筋，同一时间点下，复水速率、干基含水率、水分比等指标皆高于常温条件下复水的鲟鱼龙筋，但感官评定、质构特性等指标皆低于常温条件下复水的鲟鱼龙筋。郭敏强等揭示了俄罗斯鲟雄体、俄罗斯鲟雌体和杂交海博瑞鲟3种鲟鱼龙筋冻干后的蛋白质、氨基酸、矿物质元素等含量差异，其中冻干后俄罗斯鲟雌体龙筋中粗蛋白含量达到76.12 g/100 g，显著高于其他种类，海博瑞鲟不饱和脂肪酸占总脂肪酸的质量分数为80%。姜鹏飞等研究发现干制鲟鱼龙筋复水水温80℃时，复水效率明显高于常温条件下复水效率，其最大复水速率值达到5.016g/100g。干燥条件为干燥温度80℃、空气相对湿度20%、干燥风速16m/s时，其物性特征在不同水温复水后均接近于干燥前；常温条件（20℃）下复水后鲟鱼龙筋均优于在高温条件（80℃）下复水，更接近干燥前的物性特征，说明常温条件（20℃）下复水鲟鱼龙筋更能保持其原有品质特性，干燥复水处理的影响最低。扫描电子显微镜镜检结果（图5-12）显示复水后的鲟鱼龙筋可基本恢复到干燥前的组织结构。

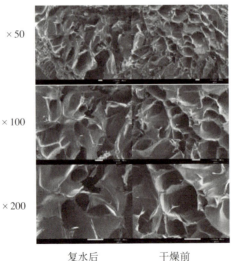

×50

×100

×200

复水后　　　　干燥前

图5-12　复水后鲟鱼龙筋与干燥前鲟鱼龙筋微观结构的对比

干制水产品品质常受内部原因和外部条件影响。干制品吸湿、干燥不完全引起的发霉以及干制品因脂肪氧化出现的"油烧"现象、虫害导致微生物滋生等品质劣变现象均为水产品干制加工贮藏过程中的常见问题，合理控制有效水分，抑制微生物生长活动，最大限度维持产品品质的情况下延长保质期仍是产业发展的难点与重点。

3. 腌制对鲟鱼加工品质的影响

腌制加工是用食盐或食盐与食醋、食糖、酒糟、香料等其他辅助材料腌制原料的方法，是防止食物腐败变质的一种简易有效的方法。腌制大致分为食盐腌制、盐醋腌制、盐糖腌制、盐糟腌制、盐酒腌制、酱油腌制、盐矾腌制、多重腌制等方法。在鲟鱼加工中，附加值最高的鲟鱼子酱是一种盐腌类制品。鲟鱼子酱中仅有食盐的添加，或有部分出口商品中允许添加硼砂等防腐剂，国内市场中靠轻度盐腌来维持其保质期。

鲟鱼卵经过轻微盐渍而制成鱼子酱，从取卵到制成成品所有工序需在15min内完成，鱼子酱加工过程要求严格，与产品品质直接相关。鱼子酱属热敏性食物，目前产业加工流程中不设置杀菌过程。随着低盐饮食的推崇，盐度宜控制在2.8%～4.33%。因其富含蛋白质（21.6%～28.7%）和脂质（12.4%～14.7%），低温贮藏（-4～4℃）不能终止脂质氧化、蛋白质降解和微生物滋生等过程，极易发生品质劣变，给生产带来巨大损失。近年来，加拿大多次召回受肉毒杆菌污染的鱼子酱代用品，2019年，因出口俄罗斯的鱼子酱菌落总数超标，我国3家相关企业产品被俄罗斯相关部门实施临时限制措施。2020年12月，挪威鱼子酱龙头企业Cibus Maris公司推出高端鱼子酱产品，称"以独特的方式生产不含防腐剂产品"。国际鱼子酱及鱼子酱代用品加工业发展迅速，加大科技攻关、深化产品保质加工对实现我国鲟鱼产业规模升级、提升国际市场竞争力意义重大。

在贮藏后期，鲟鱼子酱香气成分劣变产生的异味会直接降低产品的感官品质，严重影响消费者可接受程度。Oeleker等研究发现44%市售鱼子酱具有典型的鱼腥味和苦味。Baker等采用快速感官分析法将土腥味（earthy）、发酵味（yeasty）、氧化味（oxidized）等异味列入了鲟鱼子酱的感官描述词库。根据鲟鱼子酱水产行业标准（SC/T 3905—2011）以及浙江省团体标准（T-ZZB 0562—2018），感官标准为鲟鱼子酱具有特有的浓郁香味和回味，无土腥味、苦味或其他异味。然而，目前的研究主要集中在鲟鱼养殖水质中放线菌、蓝藻等微生物代谢所产生的"土腥味"物质——土臭味素（geosmin）和2-甲基异冰片（2-methyisoborneol）。不饱和脂肪酸，尤其是多不饱和脂肪酸的氧化降解是鲟鱼子酱及多春鱼、鲱鱼等鱼卵制成的鲟鱼子酱代用品中风味形成的主要来源。Caprino等采用蒸馏萃取结合气质联用（SDE-GC-MS）方法从鲟鱼子酱中鉴定出33种挥发性物质，其中含5种烷醛、4种2-烯醛、7种2,4-二烯醛和3,5-辛二烯-2-酮共17种单羰基化合物。此类不饱和脂肪酸氧化生成的单羰基化合物因阈值较低，在鱼子酱风味贡献中占比最大。Vilgis综述了鲟鱼子酱中的活性香气物质（OAV > 1）主要为烷醛（壬醛、辛醛、己醛）、2,4-癸二烯醛（E, Z/E, E）、(E,Z)-2, 6-壬二烯醛、2-壬烯醛、(Z)-4-庚醛等单羰基化合物，主要气味属性为清香味、脂香味、氧化味、鱼腥味等。

　　不饱和脂肪酸氧化对鲟鱼子酱的风味形成的影响至关重要，然而，在鲟鱼子酱实际生产与贮藏过程中，最新鲜加工的鱼子酱并非呈现最高的感官评分，而是出现感官品质先变好后变劣的现象。周婷研究发现气调包装的鲟鱼子酱在0℃贮藏3个月时风味最佳，具有更浓的脂肪味、青草味和鱼腥味，其中以己醛和2,4-庚二烯醛为代表的单羰基类化合物是主要气味贡献物质。随着贮藏时间的延长，鲟鱼子酱的TBA均呈上升趋势，而添加了山梨酸钾及硼酸则使得上升趋势减缓，可能是后期过氧化物大量转换为醛类物质产生的影响。真空包装、0℃冷藏条件下，未添加防腐剂的鲟鱼子酱能保持贮藏4个月而无明显异味产生（图5-13）。

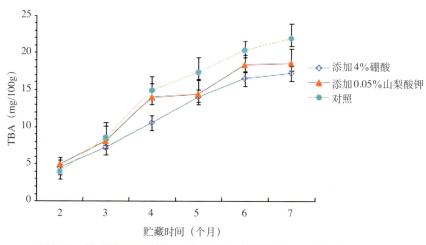

图5-13　使用不同添加剂的鲟鱼子酱在冷藏期间TBA的变化

黄卉等也证实鲟鱼子酱在贮藏3个月后挥发性物质种类最为丰富，且贮藏过程中可新生成2,4-庚二烯醛、2-辛烯醛、2,4-癸二烯醛等单羰基类活性香气物质。研究表明适度脂质氧化的代谢产物对风味具有正向作用，早期多为清香味、脂香味，而后期过度氧化后易出现氧化异味。鲟鱼子酱贮藏期间风味品质正面与负面的评价与单羰基化合物的种类和浓度密切相关。Lopez采用多重顶空固相微萃取结合气质联用（MHS-SPME-GC-MS）技术在0～4个月贮藏期内共鉴定出鲟鱼子酱挥发性风味物质25种，在−2℃贮藏4个月后12种醛类物质总含量从29.64 ng/g显著增高至121.96 ng/g，3-甲氧基-2-丁酮含量从0增加至48.17 ng/g。基于鲟鱼子酱原料、加工及贮藏工艺特性，鱼子酱风味形成途径可归纳为脂质氧化、蛋白质降解、微生物生长、饲养或环境污染4个方面。随着风味研究体系的完善，我们对风味化合物的形成和降解已有更深入了解，但是风味形成途径中的很多细节仍需要进一步探究。

鲟鱼子酱及其代用品中因富含多不饱和脂肪酸尤其是n-3多不饱和脂肪酸（30%～50%），具有极高的营养价值。其中EPA和DHA因双键较多，最易氧化，其氧化产物提供了区别于水生和陆生动物食品风味的化学基础，与植物与动物油脂风味的差异有关，植物油的氧化以n-6脂肪酸为主，产生青草味和豆腥味，而水产动物油为长链n-3脂肪酸（EPA和DHA）氧化为主。何丹等发现鲟鱼子酱贮藏8个月期间，单不饱和脂肪酸和多不饱和脂肪酸组成均呈降低趋势，贮藏期结束后，EPA含量从7.37%显著降低至5.44%，DHA含量从13.22%显著降低至12.33%，贮藏5个月后其品质出现明显变化，是质量控制的关键时期。

盐腌过程中食品会发生重量改变、肌肉组织收缩等物理变化，蛋白质分解、脂质分解、脂质氧化、蛋白质变性、肌肉成分溶出、结晶物质析出等化学变化以及微生物腐败分解、产品变色等微生物引起变质等问题，与盐水浓度、盐渍温度、原料性状、食盐纯度等多因素密切相关。

4. 熏制对鲟鱼加工品质的影响

熏制技术是一种传统的食品加工方式，一般经过原料处理、盐渍、脱盐、沥水和熏干等工序制得。根据熏室的温度不同，可将熏制分为冷熏法、温熏法、热熏法、液熏法和电熏法等。熏制品的贮藏性主要取决于干燥程度（水分活度）。熏制品的风味与熏烟的香味和制品质构有关，前者与熏烟的成分及原料加热产生的香气有关，后者与熏干过程引起的肉质硬化及自溶作用引起的肉质软化有关。

（1）烟熏法　李平兰等以鲟鱼为原料，以含树脂少的优质硬木苹果木进行烟熏。将鲟鱼剖杀去头去尾、清洗后依次进行切片、腌制、清洗、沥干、干燥、烟熏、干燥和包装工序制成即食烟熏鲟鱼片干熟制品。产品中苯并[a]芘含量为0.24μg/kg，远低于GB 7104—1994规定的熏制鱼≤5μg/kg的限量标准，产品安全卫生。同时，制得的烟熏鲟鱼片味道鲜美、肉质细嫩、色泽金黄、极具产品特色。陈康等研究了烟熏工艺对鲟鱼腹部与背部肌肉组织特性的影响，烟熏后鲟鱼肉具有更高的硬度（图5-14）、内聚性、弹性、胶黏性和咀嚼性，然而多不饱和脂肪酸含量下降。脂质组学方法检测出鲟鱼肉中磷脂酰胆碱（PC）分子20种，磷脂酰乙醇胺（PE）分子24种，磷脂酰丝氨酸（PS）分子12种。主成分分析表明磷脂可作为区分鲟鱼腹部肌肉和背部肌肉的定性指标，然而烟熏后鲟鱼背部肌肉与腹部肌肉磷脂组成差异性降低，因此鲟鱼腹部肌肉因不饱和脂肪酸含量较高而不适用热熏工艺，应考虑液熏等冷熏加工方法。詹士立等认为熏制鲟鱼片的最佳烟熏工艺参数为干燥温度60℃、干燥时间60min、烟熏温度75℃、烟熏时间2h；而腌制熏鱼片的较佳工艺为食盐浓度3%，腌制时间3h，熏液浓度3%，液熏时间60min，60℃条件下热风循环干燥120min，之后在90℃条件下烘烤熟制，可获得风味独特的熏制品。

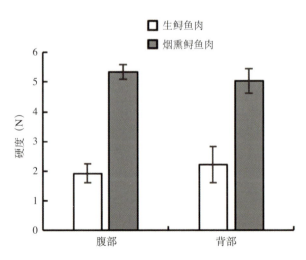

图5-14　烟熏工艺对鲟鱼肉硬度的影响

（2）液熏法　李平兰等发现采用烟熏液对鲟鱼片进行液熏可以有效避免传统烟熏鲟鱼在烤制过程中产生苯并[a]芘等致癌物质，苯并[a]芘的含量远低于我国食品卫生标准GB 7104—1994所规定的苯并[a]芘熏制品中含量≤5μg/kg的限量标准。另外，液熏工艺对鲟鱼营养成分破坏小，鲟鱼片味道鲜美、肉质细嫩、色泽金黄，极具特色。

（3）热熏法及冷熏法　热熏也称焙熏，指在120～140℃熏室中，进行短时间（2～4h）熏干。冷熏法是将熏室的温度控制在蛋白质不产生热凝固的温度区以下（15～23℃），进行连续长时间（2～3周）熏干的方法。鲟鱼肉冷熏及热熏产品充分利用鲟鱼鱼肉，采用纯木料摩擦生烟，冷熏鲟鱼片产品色泽亮黄、组织细腻、具备鱼肉特有的香气，热熏鲟鱼片产品色泽金黄、肉质香嫩、烟熏味浓郁。鲟鱼肉厚，无骨刺，极适合开发熏制产品，而熏制产品风味适合欧美饮食习惯，具有很高的开发价值。热熏加工虽然给鲟鱼片带来了独特的风味和色泽，但也对鲟鱼片的品质产生了一定程度的影响。李晓燕等人的研究发现，在鲟鱼的热熏加工过程中，水分逐渐降低，从最初的69.41%降至最终的56.84%。这表明腌制、风干、熏制和定型等过程在一定程度上降低了鲟鱼肉中的水分含量。研究还发现，初始的TVB-N（挥发性盐基氮）含量为10.596mg/100g，经过腌制后，TVB-N明显下降，而在风干、熏制和定型过程中则呈缓慢上升趋势。在风干阶段，非蛋白氮含量和蛋白水解指数较高，这说明随着温度的升高和水分的减少，蛋白质发生水解。组织中的蛋白酶、氨肽酶和二肽酶等酶在这个阶段的活性较强，导致鱼肉蛋白质降解，生成大量的小肽和游离氨基酸。这些物质对于鲟鱼制品的风味起着重要的作用。鲟鱼TBA含量在腌制及风干过程中上升，风干后达最高，为4.706mg/kg。腌制和风干是鲟鱼脂肪氧化的主要过程。经过熏制后，鱼肉中的TBARS（硫代巴比妥酸反应物）显著降低至1.923mg/kg，并且在定型后的含量基本保持不变。这可能是因为在熏制过程中，氧化底物减少并且氧化产物扩散，同时烟熏产生的物质使鱼肉与氧气隔绝，从而抑制了脂肪氧化酶的活性。研究表明，鲟鱼加工过程中的熏制工艺对于鱼肉脂肪酸氧化具有明显的抑制作用。这有利于熏制鲟鱼产品的贮藏和保鲜。通过抑制脂肪氧化反应，熏制工艺可以延缓鱼肉的氧化变质过程，延长产品的保质期，并保持其风味和品质。热熏鲟鱼中细菌含量随加工过程逐渐降低，产品中未检出。原料细菌总数为2 930 CFU/g，鱼肉经腌制后降低至35 CFU/g，说明腌制能够有效抑制微生物的生长繁殖。热熏鲟鱼的关键加工工序在保证产品品质的同时，赋予了产品良好的风味及口感。

5. 传统烹饪（蒸煮、烤制、油炸等）对鲟鱼加工品质的影响

不同的加工方式以及原料本身的性质与食品的色差、气味以及质构等诸多加工特性有着紧密的联系。因此，为了保证产品具有较好的品质，实际加工过程中要根据不同食材来选择不同的熟化加工方式。现有的食品热加工技术种类繁多，主要包括蒸煮、微波、焙烤、煎炸等。烹饪会使得蛋白质的物理性质和化学性质发生变化，其中化学性质的变化主要包括蛋白质变性、水解以及氨基酸结构的变化，脂肪在烹饪过程中受热水解成脂肪酸和甘油，同时烹饪会加剧脂质氧化产生次级氧化产物如醛类、酮类等风味物质，这些氧化物很容易与蛋白分子相互反应，产生挥发性风味物质，直接影响食品的感官品质。

（1）鲟鱼肉　胡吕霖研究发现不同烹饪方式及不同烤制时间会对鲟鱼肉脂质与蛋白质氧化产生显著影响。烹饪后的鲟鱼肉在消化过程中仍然会发生后续的氧化变化，并且这些变化还会影响蛋白质的消化性。研究表明，煮和蒸这两种烹饪方式所造成的指标变化程度最小，能够避免鱼肉脂肪和蛋白质的过度氧化。而烤制和油炸这两种方式则会大大加剧氧化过程。具体来说，烤制和油炸会导致鱼肉中的羰基值增加约4倍，巯基损失超过50%，席夫碱含量增加约9倍等变化。随着烤制时间的延长，羰基值和席夫碱含量会持续增加，在30min的烤制和油炸结束后，这些指标分别增加到生肉样的6倍和17倍。在部分肉样中，蛋白质与丙二醛、4-羟基-2-壬烯酸的加成物的相对含量在烤制与油炸肉样中更高，表明烹饪过程中发生了脂质与蛋白质的相互氧化作用。烹饪诱导的鱼肉脂质与蛋白质氧化，会在模拟胃肠道消化过程中进一步加深，在小肠消化阶段变化更为剧烈（图5-15）。

钟明慧等发现蒸制不同时间会影响鲟鱼肉的非挥发性风味物质生成，包括游离氨基酸、风味核苷酸、有机酸、有机碱和无机离子（表5-12）。在蒸制过程中，鲜味氨基酸和甜味氨基酸含量变化显著，在蒸制12min时显著降低，蒸制16min时显著升高；蒸制不同时间风味核苷酸含量存在差异，蒸制12～16min时风味核苷酸总量最多，蒸制16min时IMP+GMP的含量达到最大值；随着蒸制时间的延长，有机酸和无机离子总量在减少，其中乳酸、Na^+和PO_4^{3-}损失较为严重；电子舌的主成分分析（PCA）结果显示，鲟鱼肉在蒸

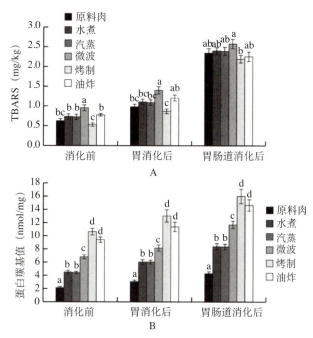

图5-15 不同烹饪方式及消化对鱼肉脂肪氧化（A）和蛋白羰基产物（B）的影响

制8min后滋味变化程度较小；感官评价的结果显示，蒸制16min的鲟鱼肉具有较好的滋味和较高的整体可接受度。较长时间的蒸制并不会给鱼肉感官带来显著改善，反而会造成味感下降。因此，鲟鱼肉应在蒸制12～16min内食用，蒸制16min左右滋味最佳。

表5-12 蒸制鲟鱼肉中的关键滋味物质

呈味物质	呈味特征	含量 (mg/100g)	滋味阈值 (mg/100g)	TAV
风味核苷酸				
AMP	鲜/甜（+）	47.18±2.22	50	0.94
IMP	鲜（+）	72.08±2.55	25	2.88
GMP	鲜（+）	9.11±2.3	12.5	0.73
有机酸				
苹果酸	酸/苦（-）	67.29±1.27	49.6	1.36
酒石酸	酸	ND	1.5	/
乳酸	酸/苦（-）	285.77±12.54	126	2.27
有机碱				
甜菜碱	鲜/甜（+）	216.8±5.09	250	0.87

呈味物质	呈味特征	含量 (mg/100g)	滋味阈值 (mg/100g)	TAV
无机离子				
K$^+$	咸（+）	498.57±2.68	130	3.84
Na$^+$	咸/苦（−）	52.15±1.11	150	0.35
Cl$^-$	改善风味	8.47±0.85	266	<0.1
PO$_4^{3-}$	改善风味	6.45±0.13	130	<0.1

（3）鲟鱼堡　不同加热方式（蒸煮、微波、烘烤、煎制）对经真空低温蒸煮处理的鲟鱼堡的感官、质构、水分和气味具有显著影响。冯秋风等发现真空低温蒸煮能够显著提高4种加热方式下鱼堡的弹性（范围从3.85mm到5.12mm）和咀嚼性（范围从5.23N到9.2N），同时还能够显著抑制加热后的蛋白质降解度。

（4）鲟鱼龙筋　不同加热温度会显著影响鲟鱼龙筋的物性学特性、感官特性以及微观结构。姜鹏飞等发现虽然不同加热温度可达到相同的加热效果，但是水浴加热100℃ 1.5h、90℃ 6 h、80℃ 10 h和70℃ 35h的样品感官评分总分均高于同温度其他条件，微观结构与质构、感官评价结果一致。另外，通过比较蒸煮、烤制、油炸、水浴四种鲟鱼龙筋熟化方法，发现最佳的熟化方法是水浴加热，并且100℃下水浴加热1.5h是一种可快速烹调干制鲟鱼龙筋产品的热加工条件，而温度80℃、相对湿度0、风速25m/s为一种可快速烹调干制鲟鱼龙筋产品的干燥条件，同时常温复水5 h是干制鲟鱼龙筋最佳复水条件。

（5）鲟鱼扒　黄攀研究发现鲟鱼扒经过TF（传统煎制）和AFF（空气炸锅炸制）加工后，水分流失，蛋白质和脂肪含量增加，但AFF损失的水分较多；以干物质含量计算，两种方式加工后，蛋白质增加，脂肪含量下降，且AFF比TF处理后脂肪含量更低。煎鱼扒和炸鱼扒的总氨基酸含量与蛋白质结果一致，但是炸鱼扒的必需氨基酸占总氨基酸的含量比例略高于煎鱼扒；生鱼扒和煎鱼扒的第一限制氨基酸是含硫氨基酸（蛋氨酸和半胱氨酸），而炸鱼扒的第一限制氨基酸是缬氨酸。TF和AFF加工均降低了单不饱和脂肪酸含量，提高了多不饱和脂肪酸含量，使两种加工方式的多不饱和脂肪酸与饱和脂肪酸的比值增加；但是炸鱼扒相比煎鱼扒含有更多的 n-3 多不饱和脂肪酸，特别是DHA和EPA。经过TF和AFF加工后均增加了生鱼扒的挥发性成分，增加最多的化合物为醛类化合物，且煎制相对于炸制含有更多的香味成分。

（6）鲟鱼皮胶　王雅菲等研究发现当鲟鱼皮加热熬胶温度为80℃、熬胶料液比1∶4、熬胶时间2h时，鲟鱼皮胶冻的凝胶强度为168.16g，胶液中胶原蛋白的回收率为32.63%，可溶性固形物含量为4.90%。胶冻的微观网络结构清晰，孔隙较均匀，成冻完整，弹性好，硬度适中，色泽明亮，感官接受度好。

6. 发酵对鲟鱼加工品质的影响

发酵是一种传统的食品加工方式。发酵鱼是在自然条件下发酵，环境条件、发酵鱼种类、地区差异等导致产品中的微生物种群分布、菌落演替、结构组成等各不相同，而不同种类的微生物对产品的安全、色泽、质构、风味等有主要影响。发酵水产品具有保质期长、蛋白质含量高、脂肪含量低、游离氨基酸种类多等特点。

苏怡等利用酵母发酵法处理鲟鱼肉，鱼肉中的挥发性成分减少最显著，其次为碱法、酸法和盐溶法，因此发酵能有效降低原料的腥味、TBARS及蛋白损失率。朱露露等利用酵母菌作为发酵剂对鲟鱼肉进行发酵，当酵母菌添加质量分数为0.8%、发酵温度为28℃、发酵时间为6h时，可获得发酵风味最浓郁的醉鲟鱼产品。李兰平等采用戊糖乳杆菌31-1、松鼠葡萄球菌SL4发酵鲟鱼糜，在30℃发酵24h制备快速鲟鱼发酵香肠。成品活菌数达到5×10^8CFU/g，pH下降到4.5，白度为70.39，挥发性盐基氮小于25mg/100g，感官品质好，营养价值高。武瑞赟等利用类植物乳杆菌L-ZS9（*Lactobacillus paraplantarum*）对鲟鱼骨酶解液进行发酵，软骨发酵液中可溶性钙质量浓度达20.88mg/mL，与发酵前相比显著增加。同时，软骨酶解液中的磷、镁及蛋白质含量分别提高了14.4%、6.5%和26.7%。（表5-13）。

表5-13　发酵对鲟鱼骨酶解液营养成分的影响

种类	钙（mg/mL）	磷（mg/mL）	镁（mg/mL）	蛋白质（mg/mL）	活菌数（CFU/mL）
酶解液	14.38 ± 0.07^a	9.22 ± 0.03^a	4.77 ± 0.01^a	10.90 ± 0.02^a	0^a
发酵液	20.88 ± 0.01^b	10.55 ± 0.01^a	5.08 ± 0.05^a	13.81 ± 0.02^b	$(3.55 \pm 0.10) \times 10^{8 b}$

注：同列数据字母不同表示差异显著（$P < 0.05$）。

Zhu Lulu等发现采用酿酒酵母发酵鲟鱼肉能够增加蘑菇香、果香和巧克力香，对应的香气物质分别为1-辛烯-3-醇、乙酸乙酯和3-甲基丁醛。发酵增强了脂质氧化和水解风味，显著提高了感官品质；同时，发酵后产品亮度、红绿度、黄蓝度均升高，具有更高的硬度、弹性、黏性和咀嚼度。发酵鲟鱼肉中游离氨基酸、三氯乙酸溶解肽及滋味值均显著升高。赵凤等发现在鲟鱼发酵过程中醇类化合物的种类由新鲜时的12种增加至发酵成熟时的26种，但是醇类化合物的相对含量逐渐降低。挥发性风味物质种类较多，包括酸类、醇类、醛类、酯类、酮类、芳香烃、酚类等，其中酸、醇、酯、酮、醛具有较低的阈值，对风味的形成具有重要作用。

发酵使鲟鱼内部的营养物质也发生了一定程度的改变。目前水产品中常见的发酵制品主要有酶香鱼、糟制品、鱼酢制品、醋渍品等，不同加工工艺下制得的发酵制品贮藏温度与时间均存在差异，复杂微生物在发酵过程中引起水产食品基质发生了物理化学的变化，与干制、腌制、低温贮藏等方法相结合，可形成多种加工方式和制品品种及特色风味。

7. 酶解对鲟鱼副产物加工品质的影响

酶解是加工水产品副产物的重要技术之一。酶解是制备具有生物活性的多肽的关键步骤，蛋白酶在温和条件下水解蛋白质可获得生物活性极高的活性肽。同时，对低值鱼虾贝如青鳞鱼、翡翠贻贝、虾头及其加工副产物进行综合加工利用，生产水产酶解动物蛋白，可作为蛋白质来源，也可作为食品配料添加至水产调味品、植物性食品中。

李露园等以鲟鱼皮为原料，利用碱性蛋白酶水解制备胶原蛋白肽，最佳酶解条件为pH 9、温度55℃、添加酶质量分数3%，酶解时间5h时水解度为22.0%。其中分子质量为1～5ku的胶原蛋白肽组分SSCP-Ⅲ对超氧阴离子自由基的清除能力最高，其半抑制清除浓度（IC_{50}）为5.938g /L。尹剑等发现鲟鱼皮活性肽可以提高猪肉组织T-SOD、GSH-Px和GST活性，具有抗氧化功效。饶秋华等研究发现施氏鲟软骨最佳提取工艺条件为酶解温度40℃、酶用量0.5%、酶解pH 8.2，其酶解提取的硫酸软骨素浓度为59.07%。刘细霞等研究发现鲟鱼肝中含有蛋白磷酸酶2A，目前所建立的最佳提取工艺条件为：提取剂为Tris-HCl缓冲液、pH为8.0、料液比为1∶6、Triton-X100的体积浓度为0.8%，为鲟鱼肝的综合利用及蛋白磷酸酶2A的制备奠定了新的理论基础。脱脂是鲟鱼加工副产物综合利用的关键环节，具有重要意义。徐璐对

比了目前常用的 $NaHCO_3$ 碱法与脂肪酶脱脂法，酶法脱脂因反应温和、对营养组分破坏小而具有较大优势。鲟鱼脂肪酶法脱脂最适条件为料液比1：3、温度30℃、酶浓度20U/mL、反应时间50min、pH 9.0，在此条件下脱脂率为29.85%。经脂肪酶脱脂法处理后，脱脂鲟鱼肉较未脱脂鱼肉肌肉间脂肪明显减少，但对脂肪酸组成影响较小，对不饱和脂肪酸有较好的保留。观察脱脂前后鲟鱼肌肉组织构造发现，酶法脱脂对鲟鱼肌肉微观结构产生较多破坏，但对外形影响较小。另外，GC-MS和感官评价均显示脱脂鱼肉腥味明显减少。对酶的选择性、活力、酶解终点等多因素的探究及从海洋生物中提取生物活性肽的研究方兴未艾。

三、鲟鱼在贮藏保鲜过程中的品质变化

鱼类产品的特性是鲜度容易下降，在不适宜的环境温度下可迅速腐败变质，造成原料损失。鱼类、贝类的保鲜通常是采用物理或化学方法，通过延缓或抑制腐败微生物的滋生、蛋白质与脂质的氧化降解等最大限度地保持其鲜度、食用品质及加工品质。低温保鲜、电离辐射保鲜、气调保鲜、使用抗氧化剂等化学保鲜等在鲟鱼及其加工副产物中均有应用。

1. 低温物理保鲜对鲟鱼贮藏品质的影响

新鲜水产品属于易腐食品，在常温下放置极易腐败变质。采用冰藏保鲜、冷海水保鲜和微冻保鲜等低温保鲜技术，可抑制其体内酶和微生物的作用，延长保质期。以鳕鱼为例，15℃可贮藏1d，6℃可贮藏5～6d，0℃可贮藏15d，−18℃可贮藏4～6个月，−23℃可贮藏9～10个月，−30～−25℃可贮藏1年。

（1）冰温与微冻鲟鱼肉　李贝贝研究发现贮藏温度对冷鲜鲟鱼肉品质的变化影响显著。贮藏在4℃环境下的鲟鱼肉，对比于贮藏在7℃和10℃下的样品，其感官评分、微生物菌落总数、假单胞菌数、TVB-N、TBA等品质指标变化均明显变缓，托盘包装的冷鲜鲟鱼肉贮藏在4、7和10℃下的货架期分别为5、4、3d。冰温贮藏条件下，鱼肉品质会随时间延长而发生较大变化，王玲发现冰温贮藏鲟鱼肉6d内硬度下降较快，之后下降速度减缓；鱼肉肌原纤维提取率显著提高；弹性于贮藏3d后显著下降，之后较为稳定；冰温贮藏鲟

鱼肉的肌原纤维ATPase活性及储能模量峰值均快速下降，且下降速度为4℃>−1℃>−20℃。冰温贮藏条件下，肌球蛋白的Rod及S-1的降解程度均较4℃轻微，但比−20℃快。陈依萍等发现随着贮藏时间的延长，冷藏（4℃）与微冻（−3℃）保鲜方式下鲟鱼肉自由水与结合水的比例、TVB-N、TBA和菌落总数均呈现上升趋势（图5-16）；质构指标硬度和弹性及感官评分均呈降低趋势；观察其微观结构发现，随着贮藏时间的延长，肌纤维之间出现粘连，肌节逐渐由清晰变为模糊，−3℃贮藏后期表现尤为明显。4℃冷藏和−3℃微冻条件下鲟鱼肉的货架期分别为6d和18d。微冻条件下肌原纤维蛋白疏水性先升高后下降，而4℃冷藏条件下疏水性升高，且其最高值显著大于微冻条件。微冻鲟鱼肉中的肌原纤维、线粒体和溶酶体中蛋白酶L的活性均要显著高于蛋白酶B和H，而在肌浆中蛋白酶H活性显著高于B和L，故低温在水解鱼肉蛋白中起着更重要的作用。陈依萍等通过测定鲟鱼肉在四种不同冻结速率（−3℃直接冻结、−18℃预冻结、−30℃预冻结与−80℃预冻结）下的冻结曲线与品质指标，研究不同冻结速率对微冻贮藏鲟鱼肉的品质影响。结果表明，随着预冻速率的提高，鱼肉硬度、弹性、咀嚼性等质构指标和持水力等都表现出更好的品质，−80℃预冻结优势最为明显。Masson染色切片观察发现：随着冻结速率的提高，切片中所观察到的肌纤维间隙面积逐渐减小，肌纤维的横切片变形程度有所缓解，−80℃预冻结表现出最好的微观结构品质。因此微冻贮藏前的速冻处理对贮藏后期的品质影响较大，建议使用−80℃预冻结处理。

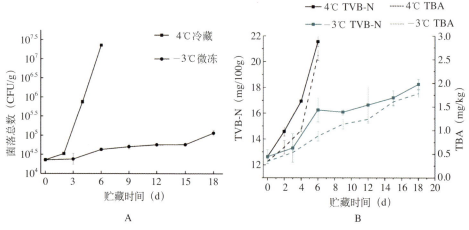

图5-16 冷藏与微冻时贮藏鲟鱼菌落总数（A）、TVB-N及TBA（B）的变化

（2）**液体浸渍冷冻**　液体浸渍冷冻技术作为一种新兴的冷冻加工技术，可以快速将食品内部热量吸收，起到速冻的效果，能够较好地保持食品原有的品质和外观形态，有着前期投入低、降低能耗等优点。液体浸渍冷冻技术在节约水产品运输成本、提高水产品附加值、调节水产时空分布不均等方面都有着良好的应用潜力。但是由于液体冷冻的流速、温度等不同，也会对鲟鱼的品质产生不同的影响。董佳等使用液体浸渍方法冷冻鲟鱼的冻结速率可以达到3.917cm/h，使用传统空气冷冻技术时，鲟鱼的冻结速率约为0.314 cm/h。使用液体浸渍方法的冻结速率是传统方法的12.47倍，这意味着液体浸渍冷冻法可以更快地将鲟鱼冷冻。在解冻方面，使用液体浸渍冷冻法的解冻速率约为0.086 cm/h，而传统空气冷冻法的解冻速率约为0.078 cm/h。两种方法的解冻速率之间存在微小的差别，这可能与肌肉中的冰晶体大小有关。如果冰晶体较小且较多，解冻时间就会较短；而如果冰晶体较大，热量传递就不容易，因此解冻速率较慢。在−18℃贮藏过程中，随着冻结时间的延长，传统空气冷冻法和液体浸渍冷冻法处理的鲟鱼肉的剪切力均呈下降趋势。液体浸渍冷冻的剪切力数值较空气冷冻略高，但是差异不显著。具体地，液体浸渍冷冻鲟鱼的剪切力下降了67.9%，空气冷冻鲟鱼剪切力则下降52.7%。这与肌肉保水性、蛋白变性和冻藏期间细胞内冰晶生长等因素相关，冰晶的增大导致其对肌肉细胞产生了机械损伤。在5个月的冷冻贮藏过程中，两种方式冻结鲟鱼肉的硬度均呈下降趋势，从整体来看液体浸渍冷冻硬度数值由283.7g减低为113.6g，空气冷冻由初始的193.3g降低为127.9g。液体浸渍冷冻鲟鱼的蒸煮损失率由初始的39.4%上升至49.7%，提高了10.4%。根据水产品新鲜度的行业标准可知，经过5个月的贮藏，液体浸渍冷冻的鲟鱼新鲜度保持良好，脂肪氧化程度相对较低，而空气冷冻的样品属于二级品，逊于液体浸渍冷冻。

（3）**冷藏鲟鱼子酱**　于渺研究发现鲟鱼子酱在−3℃条件下贮藏6个月后，菌落总数和假单胞菌数量呈现明显的上升趋势，乳酸菌和酵母菌在6个月、9个月样品中被检出；挥发性盐基氮和酸度分别在贮藏1个月和3个月后显著增加；多不饱和脂肪酸含量明显下降，而单不饱和脂肪酸则明显增加。通过16s rDNA及23s rDNA序列分析，鲟鱼子酱的优势腐败菌主要为嗜冷杆菌和汉逊德巴利酵母。黄琳琳基于磁共振及成像技术对鱼子酱在−4℃贮藏时品质变化的研究发现，在不同贮藏时期的自由水变化比结合水和不可移动水的变化更明显，盐渍处理期间，在渗透压梯度作用下，细胞外空间的自由水发生了迁移；鱼子酱中的水分和脂肪含量在11个月的贮藏期间保持不变；在贮藏过程中，TVB-N有增加的趋势。Reza Safari等研究发现波斯鲟（*Acipenser persicus*）鱼子酱在加工与冷藏过程中TVB-N和嗜冷菌均呈现增加趋势（表5-14）。

表5-14　波斯鲟鱼子酱加工及贮藏过程中TVB-N及嗜冷菌的含量变化

产品	TVB-N (mg N/100 g)		嗜冷菌含量 (CFU/g)	
	工厂1	工厂2	工厂1	工厂2
A	8.98 ± 0.32	9.54 ± 0.6	75 ± 9.7	150 ± 13.5
B	11.34 ± 0.27	10.82 ± 0.6	$1\,200 \pm 55$	$1\,800 \pm 102$
C	25.48 ± 0.68	21.4 ± 1.1	$26\,300 \pm 830$	$37\,000 \pm 1\,060$

注：A为新鲜鱼卵；B为加工后新鲜鱼子酱；C为−3℃贮藏6个月后的鱼子酱。

（4）**冻藏鲟鱼糜**　鲟鱼糜在凝胶形成过程中，不溶性蛋白含量升高，盐溶性蛋白、水溶性蛋白含量降低，肌球蛋白重链和肌动蛋白含量同时下降。经过漂洗、擂溃和凝胶化后，鱼糜凝胶对水分的束缚力逐渐增大。所形成的鱼糜凝胶的黏弹性增强。经过漂洗、擂溃和凝胶化等加工后，鲟鱼糜能够形成致密的凝胶网络结构，更趋向一个高黏弹性的凝胶体。唐淑玮发现鲟鱼糜在冻藏过程中，菌落总数、pH、蛋白质含量、羰基含量、凝胶强度、持水力和白度均随着冻藏时间的延长呈下降趋势。王瑞红研究发现抗氧化剂维生素E和真空包装能够影响−18℃冻藏16周的复合鲟鱼糜品质。鲟鱼糜冻藏16周后，破断力、破断距离、凝胶强度、硬度、弹性、胶黏性、咀嚼性和持水性等都降低，TBA上升，真空包装组在凝胶质构方面都优于维生素E处理组，且TBA在冻藏期间始终较低。经过保鲜处理的复合鲟鱼糜在冻藏16周后仍保持一定的弹性特征，组织较为均匀且孔洞细小。随着冻藏时间的延长，各鱼糜组样品中不饱和脂肪酸含量均逐渐下降，亚油酸和花生四烯酸含量降低明显。冻藏后期己醛、壬醛浓度增大，1-庚醇、异戊醇和1-己醇等饱和醇种类逐渐增多。

2. 热杀菌与非热杀菌对鲟鱼贮藏品质的影响

（1）**热杀菌**　热杀菌是现代食品工业中最有效的杀菌方法之一，广泛应用于各类食品加工行业。在热杀菌过程中，首先要确保杀菌的有效性，即使食品达到商业无菌的效果。宋恭帅等分别采用分段式（108℃，25min；

115℃，15min）、高温短时（121℃，5min）及中温长时（105℃，200min）方法对鲟鱼糜进行杀菌，发现分段式杀菌方式对鱼糜中挥发性风味成分的影响最小，鱼糜凝胶强度仅下降22.99%，能有效缓解高温对凝胶作用力的破坏，较好地保持鱼糜品质。段跃斌等发现鲟鱼肉在减压贮藏条件下的汁液流失率在3～5d内为2.05%～5.64%，升高了约2.8倍，而常压下的汁液流失率为1.95%～10.07%，增加了约5倍。

（2）射频与微波杀菌　射频杀菌技术是一种新型的热杀菌技术，具有巨大的商业应用潜力。它可以实现对物料的快速加热，并具有穿透深度大、加热均匀性好等特点。这种技术利用射频电磁波来加热物料，从而达到杀菌的效果。微波杀菌则是利用特定长度和频率波长的电磁波，以光速直线传播，通过吸收和摩擦介质来产生热能。在食品中，微生物吸收电能导致温度升高，进而破坏菌体内的蛋白质结构，实现杀菌的目的。研究人员Murad Al-Holy等发现，射频杀菌和微波杀菌技术可以有效杀灭鱼子酱贮藏过程中的病原菌 *Listeria monocytogenes*。这表明这两种技术在鱼子酱保鲜方面具有应用潜力。

（3）光动力非热杀菌技术（PDT）　该技术是一种在有氧条件下，通过可见光激活无毒光敏剂（PS）产生细胞毒性活性氧（ROS）使细菌失活的新型非热杀菌技术。光动力杀菌最大的优点是它在靶向细胞方面的专一性，不会引起副作用，它的活性只在暴露于可见光后开始，并且不会产生细菌耐药性。目前，光动力杀菌已被广泛用于灭活病毒、酵母、真菌和细菌。Gong Chen等采用姜黄素介导光动力灭活鲟鱼特定腐败菌假单胞菌，体外灭活率可高达99.9%，活菌数降低（$10^{3.19} \pm 10^{0.15}$）CFU/mL。且姜黄素介导的光动力非热消毒技术能够帮助较好地保存鲟鱼肉，在4℃贮藏后期，游离氨基酸［对照：（210 ± 10）mg/100g；PDT：（410 ± 20）mg/100 g］和总多不饱和脂肪酸［对照：（5.0 ± 0.6）mg/g；PDT：（6.5 ± 0.4）mg/g］的含量均显著高于未处理组，同时在风味品质评价方面光动力杀菌能够更好地抑制脂肪与蛋白质氧化，减少腐败微生物的滋生，降低营养成分的降解。通过采用姜黄素介导的光动力非热杀菌技术，成功地延长了鲟鱼片的货架期，并且对鲟鱼片的品质没有产生不良影响，为鲟鱼加工业的保鲜开辟了一条新途径，丰富了水产品保鲜理论与技术。

3.　真空保鲜对鲟鱼贮藏品质的影响

食品的真空包装保鲜技术是一种将食品放入气密性包装容器或袋中，然后排除容器或袋内的空气，形成一定程度的真空，并进行密封封口的包装方法。真空包装可以消除包装内的氧气以及食品细胞内的氧气，从而抑制微生物的生长。此外，食品的氧化、变质和褐变等生化变质反应与氧气密切相关。当食品所处环境中的氧气浓度不超过1%时，可以有效控制油脂类食品的氧化变质。真空包装技术能够降低食品与氧气的接触，减少氧化反应的发生，从而延缓食品的变质过程。

桂萌发现真空包装鲟鱼肉在4℃储藏过程中，腐胺、尸胺和次黄嘌呤可作为鲟鱼质量评价指标，而耐冷菌、肠科菌和气单胞菌是优势腐败菌，鲟鱼特定腐败菌为维氏气单胞菌LP-11（*Aeromonas veronii* LP-11）、费氏柠檬酸杆菌LPJ-2（*Citrobacter freundii* LPJ-2）和解鸟氨酸拉乌尔菌LPC-3（*Raoultellaornithinolytica* LPC-3）。通过考察不同量群体感应淬灭酶N-酰基高丝氨酸内酯酶处理以及淬灭酶与乳酸链球菌素（nisin）联合处理对4℃真空包装鲟鱼微生物、理化和感官变化的影响，发现6.6 U/mL淬灭酶能有效抑制鲟鱼片微生物的生长，包括总菌落数、气单胞菌、耐冷菌和肠科菌，并能减少鲟鱼片TVB-N和生物胺的积累。淬灭酶与nisin联合使用对鲟鱼片防腐效果优于单独使用时的防腐效果，6.6U/mL淬灭酶与2 000IU/mL nisin复合使用后与对照组相比延长货架期5d左右。王康宇等发现维生素E与真空包装对鸡胸肉和鲟鱼肉复合鱼糜冻藏期间品质产生较大影响，冻藏期间，复合鲟鱼糜各指标均优于不漂洗的鲟鱼糜组；真空包装组的复合鲟鱼糜凝胶强度的下降显著低于其他各组，但在硬度和弹性方面与维生素E处理组无显著性差别；真空包装组和维生素E组的持水性和亚油酸的下降程度均显著低于复合鲟鱼糜组，且其鱼糜凝胶组织均匀致密，排列整齐，挥发性风味以青草味为主，哈喇味和土腥味较弱；冻藏4周，真空包装和维生素E处理的复合鲟鱼糜TBA极显著低于复合鲟鱼糜组；冻藏16周，只有真空包装组的TBA仍显著低于其他组。因此，真空包装与添加维生素E可以有效地保持复合鲟鱼糜质构特性，抑制脂肪氧化，并减缓风味劣变（图5-17）。

冷藏、冷冻和气调包装对鲟鱼在冷链物流运输过程中品质变化会产生不同的影响。始终处于稳定低温（4℃及−20℃）的完整冷链物流的鲟鱼肉品质最优，货架期最长，断链物流次数越多，其鱼肉品质下降越显著。温度多次变化对鱼肉脂质氧化有很大的影响。年益莹指出气调包装及减菌前处理（包装1为对照组，采用空气包装；包装2采用充入 70% CO_2+30% N_2 气体比例的

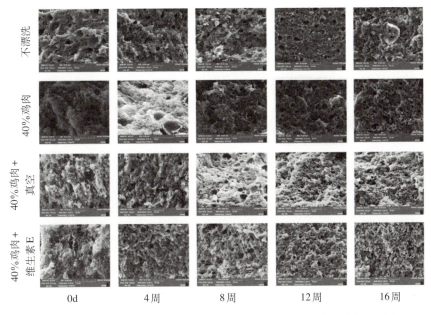

图5-17　真空包装和维生素E对复合鲟鱼糜贮藏过程中微观结构的影响

气调包装；包装3为先经过 0.2% 乙酸浸泡2min后再采用充入70% CO_2+30% N_2气体比例的气调包装）会显著影响冷藏物流过程中鲟鱼肉的品质。与空气包装对比，70% CO_2+30% N_2包装能够很好抑制TVB-N、TBARS、K值和菌落总数的增加，并改变优势菌属的种类。鱼肉经0.2%乙酸浸泡2min后，pH由初始值6.71下降到 6.21，菌落总数由初始值$10^{3.71}$ CFU/g 下降到$10^{2.64}$ CFU/g，说明乙酸具有良好的杀菌作用。包装 1 鲟鱼的TVB-N上升速度最快，第7天该值为 14.35 mg/100g，接近一级新鲜度值的上限 15mg/100g，物流结束（19d）时包装2和3的值分别达到14.12mg/100g和13.0mg/100g，均未超过一级新鲜度值。物流（19d）结束后，三种包装的鱼肉菌落总数分别是$10^{8.74}$、$10^{7.67}$、$10^{5.62}$ CFU/g。三种包装鱼肉贮藏前期主要优势菌都是不动杆菌（*Acinetobacter* spp.），乙酸主要对 *Acinetobacter* spp.起到杀菌抑制作用，全程结束后，三种包装的鱼肉主要优势菌分别是假单胞菌（*Pseudomonas* spp.）和肉食杆菌（*Carnobacterium* spp.）。因此，气调包装及结合乙酸前处理有利于减缓冷链物流过程中鲟鱼品质的下降。

4. 化学保鲜对鲟鱼贮藏品质的影响

化学方法保鲜就是在水产品生产和贮藏过程中添加化学试剂，以提高水产品的耐藏性或达到某种特定加工目的。按照保藏机理的不同，化学试剂可以分为3类，即防腐剂、抗氧化剂和保鲜剂。化学保鲜剂虽然杀菌效率高、较为简便，但化学残留易造成环境污染，危害人体健康。次氯酸钠、酸性电解水、维生素E等化学物质的添加主要从抗氧化、抑菌等不同角度对鲟鱼产品品质起到维持作用。随着消费者消费认知的改变，化学保鲜剂的使用逐渐引发争议，但其对产品品质的保护作用不容忽视。

(1) **鲟鱼肉**　李贝贝研究发现二氧化氯、次氯酸钠、酸性电解水、臭氧水对冷鲜鲟鱼肉具有较好的减菌效果，减菌率分别为93.82%、92.89%、95.82%和93.71%，酸性电解水对鲟鱼肉的减菌效果最佳。进一步通过正交试验和验证试验获得了减菌的最佳工艺条件：酸性电解水有效氯浓度为70mg/L，浸泡方式处理，1∶2的料液比，浸泡时间10min。龚恒的研究结果表明电解水处理、聚赖氨酸处理、气调包装处理及三者联合处理方式对冷鲜鲟鱼肉也有保鲜效果，这些处理方式均能够不同程度地减缓冷鲜鲟鱼贮藏过程中的菌落总数（图5-18）、假单胞菌数及TVB-N等品质指标的变化。采用有效氯浓度为36、49、67mg/L的酸性电解水处理鲟鱼肉，考察其冰温贮藏期间的品质变化。研究表明：一是与对照组比较，处理组的初始菌数明显减少，贮藏期间处理组菌落总数、挥发性盐基氮（TVB-N）、K值、pH和硫代巴比妥酸值（TBARS）缓慢上升且始终低于对照组，酸性电解水处理后有效延缓了上述指标的上升，其中有效氯浓度为49、67mg/L组保鲜效果较为明显；二是随着贮藏时间的延长，鲟鱼肉菌群多样性大大减少，假单胞菌逐渐增多，最后达70%～90%；三是根据菌落总数、TVB-N和K值的结果，有效氯浓度为36、49、67mg/L三组分别将鱼肉货架期延长2、6、9d，2、7、11d，3、7、9d。

(2) **鲟鱼子酱**　周婷研究发现鲟鱼子酱、加山梨酸钾的鲟鱼子酱和加硼酸的鲟鱼子酱在0℃冷藏条件下，随着贮藏时间的延长，鲟鱼子酱的TVB-N和TBA值逐渐升高，细菌种类呈现先增加后减少的趋势，木糖葡萄球菌（*S. xylosus*）和汉逊德巴利酵母（*D. hansenii*）为鲟鱼子酱中的优势葡萄球菌和优势酵母菌。魏涯等研究发现化学防腐剂山梨酸钾或硼酸对鲟鱼子酱贮藏过程品质变化的影响：贮藏期间鲟鱼子酱蛋白水解和脂肪氧化现象明显，硼酸对

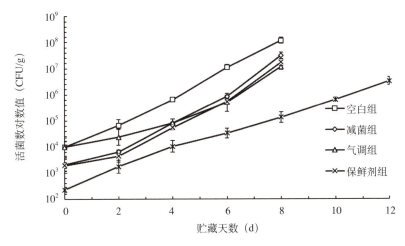

图5-18 不同处理冷鲜鲟鱼在冷藏期间菌落总数的变化

注：减菌组，有效氯浓度为70mg/L的电解水浸泡；气调组，30% CO_2+70% N_2的气体；保鲜剂组，电解水+聚赖氨酸+气调。

TVB-N存在显著抑制作用，在整个贮藏过程中变化较为缓慢，约6个月达到20mg/100g的限量规定（图5-19）。贮藏3个月时各样品挥发性成分含量最高，前期对气味贡献较大的挥发性成分为醛类物质，特征气味以鱼腥味、青草味和脂肪味为主；后期对气味贡献较大的为醇类物质，特征气味以脂肪味为主。山梨酸钾及硼酸使风味形成期限滞后，但山梨酸钾对鲟鱼子酱蛋白水解及脂肪氧化抑制能力略弱于硼酸。不同配方盐和保鲜剂处理的鲟鱼子酱在长期贮藏过程中的食品安全特征和挥发性物质均发生较大变化，经食盐处理过的鱼子酱中具有最高的活菌数，而氧化和腐败过程会产生较为丰富的挥发性化合物。挥发性化合物的分类主要是醛类物质，其次是醇类和酸类物质。

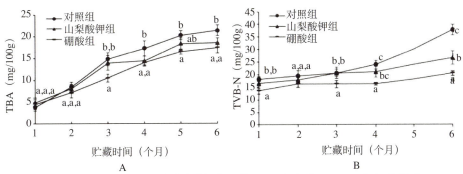

图5-19 山梨酸钾和硼酸对贮藏鲟鱼子酱TBA（A）和TVB-N（B）的影响

生物保鲜剂是一类食品添加剂，是指从植物、动物、微生物等生物中提取或利用生物工程技术获得的对人体安全的具有保鲜作用的物质，主要分为植物源生物保鲜剂、动物源生物保鲜剂、微生物源保鲜剂及酶类保鲜剂。植物源保鲜剂是指从植物中提取，分离得到的生物保鲜剂。植物保鲜剂的主要作用物质分为黄酮类化合物、多酚类化合物、植物精油、中草药提取物等。主要的动物源保鲜剂有抗菌肽、蜂胶、鱼精蛋白等。微生物源保鲜剂是微生物代谢过程中产生的具有抑菌效果的物质，主要是微生物代谢产生的细菌素等抑菌物质，可以抑制或杀死微生物。Runrun Zhang 等发现没食子酸辛酯对鲟鱼肉中分离出的荧光假单胞菌具有显著的抑制效果，没食子酸辛酯可快速进入膜脂双层部分，通过干扰与细胞膜能量供应相关的三羧酸循环和与细胞膜相关的氨基酸代谢，抑制氧消耗，扰乱呼吸链，破坏微生物细胞膜结构，与可食性壳聚糖膜共同作用时可显著增加对荧光假单胞菌的抑制作用。Yan Wang 等通过外源添加黄酮类物质以提升鲟鱼子酱的感官品质，而 Murad Al-Holy 等发现外源添加乳酸链球菌素联合化学抑菌剂（乳酸、亚氯酸、次氯酸钠）可杀灭 *L. monocytogenes* 及所有的嗜温微生物，有效延长货架期。

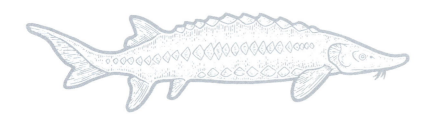

第六章

鲟鱼的家庭食用与食谱

第一节 食用鲟鱼的禁忌与挑选技巧

一、鲟鱼的食用禁忌

①对水产品过敏者慎重食用。

②鲟鱼中含有较高的嘌呤物质，所以痛风患者应禁食以免痛风急性发作。

二、鲟鱼的挑选技巧

①新鲜的鲟鱼肉组织紧密，肉质坚实，用手按弹性明显；不新鲜的鲟鱼肉手松开后被按处的凹陷久久难以平复，手能使肉与骨脱离。

②新鲜的鲟鱼表皮具有光泽，鳞片完整且紧贴鱼身，鳞层鲜明，鱼身附着的稀薄黏液是鱼体固有的生理现象。不新鲜鱼表皮灰暗无光泽，鳞片松脱，层次模糊不清，有的鱼鳞片变色，表皮有厚黏液。腐败变质的鱼色泽全变，表皮有厚黏液且液体粘手伴有臭味。

③新鲜的鲟鱼鱼眼光洁明亮，略呈凸状，完美无遮盖。不新鲜的鱼眼灰暗无光，甚至还蒙上一层糊状厚膜或污垢物，使眼球模糊不清，并呈凹状。腐败变质的眼球破裂移位。

④新鲜的鲟鱼鳃盖紧闭，鱼鳃色泽鲜红，有的还带血，无黏液和污物，无异味。若鱼鳃淡红或灰红，说明鱼已不新鲜。如鱼鳃灰白或变黑，附有浓厚黏液与污垢，并有臭味，说明鱼已腐败变质。

第二节 经典鲟鱼食谱

鲟鱼的烹饪系列食谱来自青岛鲟龙生物科技有限公司。

一、凉拌鲟鱼皮

(一) 食材

主料：鲟鱼皮。

辅料：小米椒、苦菊、去皮花生米、蒜泥、香菜。

调味料：食盐、生抽、陈醋、花椒油、辣椒油、芝麻油。

(二) 做法

①取出鱼皮，将鱼皮放到清水中，清洗2遍，接着放到菜篮子里面沥干水分。

②将小米椒、苦菊、香菜切碎，大蒜拍扁剁碎，一起放到装有鱼皮的菜盘里。

③加入去皮花生米、少许食盐，3匙生抽，以及陈醋、花椒油、辣椒油、芝麻油各1匙，用筷子搅拌均匀即可食用（图6-1）。

图6-1 凉拌鲟鱼皮

二、生吃鲟鱼片

（一）食材

主料：鲟鱼肉。

辅料：柠檬。

调味料：辣根、白醋、生抽、白糖。

（二）做法

①将鱼洗净，擦干水，从尾部沿着中间的鱼骨开始片下鱼肉。

②先将鱼皮向下片除鱼皮分离鱼肉，再去掉红色背脊的鱼肉。

③斜刀片切成薄片（切的时候要按住鱼肉，由左向右片切，尽量切成可以透光的鱼片）。

④挤上柠檬汁，辅以调味料即可食用（图6-2）。

图6-2　生吃鲟鱼片

三、椒盐鲟鱼片

（一）食材

主料：鲟鱼肉。

辅料：淀粉、鸡蛋、米酒。

调味料：盐、味精、鸡粉、葱、姜、蒜、辣椒、胡椒粉。

（二）做法

①鱼片洗净去皮，沥干水分备用。

②将鱼片放入腌料（葱、姜、米酒）中腌制（约15min），之后将葱段、姜片挑去备用。

③加入蛋黄、淀粉搅拌均匀。

④倒入适量油，待油温烧热至150℃左右，将鱼片放入锅中油炸，待鱼片炸至金黄色时将其捞出。

⑤在锅中放入少量油，把蒜末、葱末、辣椒末等放入爆香，再将鱼片、调味料等放入拌炒均匀，椒盐鲟鱼片即制备完成（图6-3）。

图6-3　椒盐鲟鱼片

四、铁板鲟鱼杂

（一）食材

主料：鲟鱼杂（肝、肚、肠）、鱼腩肉。

辅料：木耳。

调味料：老抽、生抽、白糖、芝麻。

底料：洋葱、大葱、蒜仔、姜、干辣椒（少许）、八角、啤酒。

（二）做法

①将鲟鱼杂取出，洗净沥干水分后备用。

②将底料炒香，然后将老抽、生抽、白糖按照1：1：1比例加入。

③将鱼杂氽水，煮好的鱼杂放入底料中在铁板上进行翻炒。

④在铁板上煎炸好后，撒上白芝麻、葱花，放入锡纸封口即可食用（图6-4）。

图6-4　铁板鲟鱼杂

五、春蚕吐丝

（一）食材

主料：鲟鱼肉。

辅料：淀粉、鸡蛋、土豆丝。

调味料：食盐、味精、花椒、沙拉酱、辣根。

（二）做法

①将鱼肉切成蓉，用食盐、味精、花椒水搅拌15min上劲，然后将鸡蛋清搅入鱼肉蓉中，接着在外层裹上淀粉，放入油锅中炸至熟。

②将土豆切成丝，在锅内炸至金黄。

③将炸好的鱼肉裹上沙拉酱放入盘中，然后将土豆丝放入盘中即可（图6-5）。

图6-5　春蚕吐丝

六、泡椒鲟鱼片

（一）食材

主料：鲟鱼肉。

辅料：莴苣、甜椒、红枣、枸杞。

调味料：八角、茴香、盐、味精、姜、干辣椒、花椒、白酒、冰糖、泡椒。

（二）做法

①将鱼片洗净去皮，待锅中水烧沸后下鱼片熟制2min，然后将鱼片捞出沥干水分备用。

②将八角、茴香装在布袋子里封好，与姜、干辣椒、花椒、红枣、枸杞、

白酒、冰糖、盐、味精、泡椒同放一盆里，加一杯冷开水制成卤汁，加盖静置5h以上。

③把鱼片、甜椒片、莴苣片放入卤汁碗里，加盖泡1h以上，要使卤汁淹过食材，否则要加入冷开水使卤汁淹过食材。

④捞出装盘即可食用（图6-6）。

图6-6　泡椒鲟鱼片

七、水煮鲟鱼骨

（一）食材

主料：鲟鱼骨。

辅料：豆芽。

调味料：生姜、大蒜、干辣椒、干花椒、豆瓣酱、生抽、香菜。

（二）做法

①生姜、大蒜瓣切成片；锅里放入适量油，放入干辣椒、干花椒、生姜、大蒜瓣，爆香；加入适量豆瓣酱、生抽，炒出香味。

②放入鱼骨大火翻炒，加水没过鱼骨煮制5min，调至中火煮至水分减少，约十几分钟即可。

③出锅盛入放豆芽的碗中，上面放干辣椒、花椒、蒜末、香菜末，泼油即可（图6-7）。

图6-7　水煮鲟鱼骨

八、清汤鲟鱼丸

（一）食材

主料：鲟鱼肉。

辅料：鸡蛋、鸡汤、笋片、香菇、豆苗。

调味料：食盐、味精、鸡精、鸡粉、胡椒粉。

（二）做法

①鱼肉绞成馅，加入清水、食盐、味精等搅拌1min左右，再加入蛋清上劲，用手挤成鱼丸。

②将鱼丸放入冷水锅中浮漂10min左右，然后放置在中火水浴中，待水即将沸腾时加入冷水防止其沸腾，重复3～4次后将鱼丸捞出沥水备用。

③将鸡汤煮沸，把鱼丸放入鸡汤中，加入鸡精、味精等。

④熟笋片、香菇用沸水略氽后，在鱼丸上间隔摆放，四周以豆苗衬托，淋上鸡油即可（图6-8）。

图6-8　清汤鲟鱼丸

九、酥香鲟鱼饼

（一）食材

主料：鲟鱼肉。

辅料：馒头末、鸡蛋。

调味料：食盐、味精。

（二）做法

①鱼肉绞成馅，加入清水、食盐、味精等搅拌1min左右，再加入蛋清上

劲，用手挤成25g左右的鱼丸。

②裹上馒头末，慢慢压成饼，炸至金黄色即可出锅食用（图6-9）。

图6-9　酥香鲟鱼饼

十、红烧鲟鱼

（一）食材

主料：鲟鱼（1～2kg）。

调味料：猪大油、八角、花椒、大葱、姜、蒜仔、干辣椒、料酒、醋、老抽、糖、盐。

（二）做法

①将鲟鱼进行处理，去除内脏、鱼鳃等部位，在鱼身两面各切一些斜刀口，用厨房纸吸干水分。

②待锅内油六成热时，将鱼肉放入锅内，待两面煎至金黄色时将鱼取出。

③锅内放入少许油，然后放入葱花、姜末、蒜末等爆香，加入醋、料酒、老抽、糖、盐及少许水。

④在锅内烧水，待烧开时放入煎好的鱼，小火慢炖20min左右，然后大火收汤装盘即可（图6-10）。

图6-10　红烧鲟鱼

十一、砂锅鱼头汤

（一）食材

主料：鲟鱼头。

（二）做法

①将鱼头洗净，去除鱼鳃，剁成小块，下油锅将鲟鱼头煎至微黄，取出备用。

②将鱼头放入铝锅中加水大火煮制，保持沸腾20～25min，盛出装盘即可（图6-11）。

图6-11　砂锅鱼头汤

主要参考文献 REFERENCES

卞瑞姣, 曹荣, 赵玲, 等, 2017. 电子鼻在秋刀鱼鲜度评定中的应用[J]. 现代食品科技, 33(1): 243-247, 260.

陈依萍, 崔文萱, 高瑞昌, 等, 2020. 冷藏与微冻贮藏过程中鲟鱼肉品质变化[J]. 渔业科学进展, 41(1): 178-186.

陈跃文, 蔡文强, 祁立波, 等, 2019. 俄罗斯鲟鱼不同部位肌肉营养组成分析与评价[J]. 中国食品学报, 19(8): 286-293.

陈跃文, 刘飞建, 祁立波, 等, 2020. 真空低热烹饪对鲟鱼肉物性品质及微观结构的影响[J]. 中国食品学报, 20(6): 114-121.

程波, 户业丽, 蓝泽桥, 等, 2006. 人工养殖施氏鲟肌肉、皮、鳍的一般化学组成及其营养价值[J]. 水产科学, 25(9): 452-455.

程波, 户业丽, 吕中, 等, 2007. 人工养殖鲟鱼鱼皮制备蛋白粉的工艺研究[J]. 饲料工业, 28(22): 24-27.

董佳, 胡嘉杰, 王庆, 等, 2017. 液体浸渍冷冻对鲟鱼贮藏过程中品质的影响[J]. 食品科学, 38(5): 281-287.

杜强, 王艳艳, 曾圣, 等, 2017. 三种不同规格杂交鲟含肉率及肌肉营养成分比较[J]. 中国饲料, 24: 15-19.

冯静, 林婉玲, 李来好, 等, 2018. 脆性形成过程中脆肉鲩肌肉肌浆蛋白结构变化[J]. 食品科学, 39(4): 1-5.

郭敏强, 姜鹏飞, 傅宝尚, 等, 2019. 4 种不同冻干鲟鱼龙筋的营养成分分析及评价[J]. 食品研究与开发, 40(12): 194-199.

郭思亚, 2016. 人工养殖鲟鱼鱼肉制品开发及其品质评价[D]. 成都: 成都大学.

郝淑贤, 刘奇, 李来好, 等, 2016. 鲟鱼肉冷藏期间腥味及品质变化[J]. 食品与发酵工业, 42(7): 242-246.

贺艳辉, 袁永明, 张红燕, 等, 2020. 中国鲟鱼子酱出口竞争力分析及展望[J]. 农学学报, 10(5): 58-62.

胡智力, 陈金芳, 钱明, 等, 2008. 人工养殖鲟鱼皮的有效利用与制革实验研究[J]. 武汉工程大学学报, 4(3): 4-7.

户业丽, 程波, 吕中, 等, 2007. 人工养殖施氏鲟鱼组织中羟脯氨酸含量的测定[J]. 食品科技, 32(3): 227-229.

户业丽, 程波, 袁强, 等, 2006. 施氏鲟鱼皮营养成分的分析及综合评价[J]. 淡水渔业, 36(3): 50-52.

户业丽, 伍悦平, 刘汉桥, 等, 2010. 微波法制备人工养殖鲟鱼皮复合氨基酸螯合锌工艺的研究[J]. 中国饲料 (4): 36-40.

黄攀, 2020. 大型杂交鲟不同部位肌肉的品质特征及加工方式对鲟鱼扒品质的影响[D]. 青岛: 中国海洋大学.

李芳, 王全杰, 侯立杰, 2012. 鲟鱼皮的组织学研究及其在皮革中的应用[J]. 中国皮革, 41(5): 24-27.

李宏强, 2005. 防水鱼皮革: CN200510087384.6[P]. 2005-12-21.

刘文, 岳琪琪, 龚恒, 等, 2020. 包装调控方式对冷鲜鲟鱼肉微生物的抑制作用[J]. 包装工程, 41(9): 59-66.

年益莹, 2018. 冷链物流运输过程中鲟鱼的品质变化及其品质控制[D]. 大连: 大连工业大学.

宋居易, 桂萌, 马长伟, 等, 2014. 鲟鱼硫酸软骨素制备工艺优化[J]. 中国农业大学学报, 19(5): 116-123.

杨玲, 赵燕, 鲁亮, 等, 2013. 鲟鱼鱼皮胶原蛋白的提取及其理化性能分析[J]. 食品科学, 34(23): 41-46.

杨贤庆, 李来好, 吴燕燕, 等, 2005. 即食海蜇丝加工技术及其调味配方的研究[J]. 南方水产, 1(2): 46-50.

詹士立, 2020. 在加工过程中采取有效措施对鲟鱼子酱的肉毒梭菌及毒素进行控制[J]. 中国食品, 15: 112-113.

张凡伟, 张小燕, 李少萍, 等, 2018. 冻干刺参矿质元素及氨基酸营养评价[J]. 食品科技,

43(1): 72-76.

张月美, 包玉龙, 罗永康, 等, 2013. 草鱼冷藏过程鱼肉品质与生物胺的变化及热处理对生物胺的影响[J]. 南方水产科学, 9(4): 56-61.

周晓华, 2015. 鲟鱼子酱产业现状分析[J]. 水产学杂志, 28(4): 48-52.

朱丽君, 毛竞永, 陈金芳, 2014. 鲟鱼皮研究现状及其发文统计分析[J]. 武汉工程大学学报, 36(7): 73-78.

Han L, Liu X, Zhang Y, et al., 2016. Effects of chilling and partial freezing on rigor mortis changes of bighead carp (*Aristichthys nobilis*) fillets: cathepsin activity, protein degradation and microstructure of myofibrils[J]. Journal of Food Science, 80(12): C2725-C2731.

Nikoo M, Benjakul S, Ocen D, et al., 2013. Physical and chemical properties of gelatin from the skin of cultured Amur sturgeon (*Acipenser schrenckii*)[J]. Journal of Applied Ichthyology, 29(5): 943-950.

Palmeri G, Turchini G M, De Silva S S, 2007. Lipid characterization and distribution in the fillet of the farmed Australian native fish, Murray cod (*Maccullochella peelii peelii*)[J]. Food Chemistry, 102(3): 796-807.

附录　鱼子酱品牌——卡露伽

卡露伽，连续十年全球最大的鱼子酱品牌，名副其实的国货之光。2003年，卡露伽开启了中国人工养殖鲟鱼的先河。卡露伽是汉莎航空头等舱的舌尖至享，是奥斯卡晚宴的别致美馔，亦是杭州G20峰会晚宴的匠心臻品；为42个国家带去优质体验，成为23家法国米其林三星和4家纽约米其林三星餐厅的精致食材。卡露伽传承古法技艺，沿袭拳拳匠心，旨在为全球的美食爱好者带来健康、精致、时尚的美好舌尖体验，是高端品味与身份的象征。

鲟鱼，源自白垩纪，古代，鲟鱼渔获物历来皆是皇室贡品，贵为"鱼中之皇"，清朝皇室曾赐名为"鳇鱼"，故名鲟鳇。《本草纲目》记载：鲨鱼翅，鲟鱼骨，食之延年益寿。鲟鱼是一种体型大、寿命长的软骨硬鳞鱼类，是目前地球上十分古老的脊椎动物，至今已有一亿四千万年，素有"水中活化石"之称。

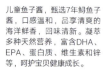

儿童鱼子酱，甄选7年鲟鱼子酱，口感温和，品享清爽的海洋鲜香，回味清新。凝萃多种天然营养，富含DHA、EPA、蛋白质、维生素和锌等，呵护宝贝健康成长。

热熏鲟鱼肉，甄选鲟鱼中段，采用法式传统热熏工艺，肉质Q弹细嫩，口感鲜美醇香。鱼肉通体无刺，富含DHA和EPA，是低热量高蛋白的美食。开袋即食，或搭配蔬菜沙拉，轻松悦享美味。

鲟鱼天妇罗，甄选鲟鱼中段，外壳金黄酥脆，内里鲜香细嫩，肉质Q弹紧致，尽享鲜香美味。鱼肉通体无刺，富含优质蛋白、DHA、EPA和硒，可油煎、油炸，亦可使用烤箱、空气炸锅等烹制，解锁花式吃法，适合老人和儿童食用。

鲟之宝，源自鲟鱼龙筋，经高温萃取提炼而出的软骨胶原，采用纯手工工艺，历经数小时慢煮，口感润滑Q弹，饱满丰盈，从源头上锁住新鲜，保证产品的健康与营养。纯天然、小分子、无添加、有机，帮助恢复关节润滑和弹力。

[企业联系方式：010-88497620]

CROWN THE MOMENT

7年鲟鱼子酱
粒径：2.8mm；
颜色：神秘的黑色、灰黑色或灰色；
口味：入口即化，散发出淡淡的海洋气息，滋味纯正清雅，回味清新爽口，瞬间带给味蕾美妙的体验。

8年鲟鱼子酱
粒径：2.9mm；
颜色：深沉的棕灰色、灰黑色或棕色；
口味：入口柔滑，散发出淡淡的新鲜水果的清香，滋味醇郁，口感丰盈，细细品味，仿佛来到海边，令人心旷神怡。

9年鲟鱼子酱
粒径：3.0mm；
颜色：明亮的琥珀色、棕黑色或棕黄色；
口味：卵膜较有韧性，入口柔韧而富有爆破感，舌尖爆浆，散发出香醇浓郁的奶油香味，回味悠长。杭州G20峰会晚宴专供同款。

10年鲟鱼子酱
粒径：3.1mm；
颜色：温暖的灰黑色、棕灰色、棕黄色；
口味：卵膜较有弹性，入口柔滑，散发出淡淡的鲜甜和花草的清香味，以及突出的坚果滋味，给予味蕾曼妙的极致体验。德国汉莎航空头等舱、新加坡航空头等舱、法国多家米其林三星餐厅的标配。

15年鳇鱼子酱
粒径：3.2mm；
颜色：晶莹的棕黑色、棕灰色、棕黄色；
口味：入口爆浆，口感丝滑而细腻，有浓烈的奶油香味，味道浓郁且回味香醇而悠长。与茅台搭配，别有一番韵味。

20年鳇鱼子酱
粒径：3.3mm；
颜色：经典的珍珠灰或灰黑色；
口味：入口丰盈而柔润，口感柔滑而细腻，浓烈的黄油香味，如绸如缎，回味悠长，悦享味蕾的终极体验。二十年，只为这一口，一口入魂。

9年有机鲟鱼子酱
粒径：3.0mm；
颜色：明亮的琥珀色、棕黄色；
口味：入口柔韧而富有爆破感，舌尖爆浆，散发出醇郁的奶油香味，回味悠长。

10年有机鲟鱼子酱
粒径：3.1mm；
颜色：温暖的棕黄色、灰黄色；
口味：入口柔滑而温润，散发出淡淡的坚果香味，柔软的回味"罪恶"又甜蜜，给予味蕾曼妙的极致体验。

图书在版编目（CIP）数据

走进鲟鱼/高瑞昌，赵元晖主编. —北京：中国
农业出版社，2024.9
　ISBN 978-7-109-31599-0

　Ⅰ.①走…　Ⅱ.①高…②赵…　Ⅲ.①鲟科-鱼类养
殖　Ⅳ.①S965.215

中国国家版本馆CIP数据核字（2024）第006267号

中国农业出版社出版

地址：北京市朝阳区麦子店街18号楼
邮编：100125
责任编辑：杨晓改　　文字编辑：蔺雅婷
版式设计：杨　婧　　责任校对：吴丽婷　　责任印制：王　宏
印刷：北京缤索印刷有限公司
版次：2024年9月第1版
印次：2024年9月北京第1次印刷
发行：新华书店北京发行所
开本：700mm×1000mm　1/16
印张：8.5
字数：145千字
定价：68.00元
